万水·荟生活

荟时尚生活 聚精彩人生

和二木一起玩多肉

编著 二木

内容提要

本书是多肉达人二木的心血之作。内容涉及了多肉基本知识、选苗购买、日常养护、多肉品种图谱、繁殖技巧、多肉混植、DIY 园艺小品等方方面面。实用细致又不失华丽,是一本全面精美的多肉百科全书。字里行间都能感受到二木用心呵护多肉的热情与执着,适合每一个"多肉控"。

图书在版编目(CIP)数据

和二木一起玩多肉 / 二木编著. -- 北京 : 中国水利水电出版社, 2013.6(2015.2重印)
ISBN 978-7-5170-0855-2

Ⅰ. ①和… Ⅱ. ①二… Ⅲ. ①多浆植物-观赏园艺 Ⅳ. ①S68

中国版本图书馆CIP数据核字(2013)第092372号

策划编辑:马 妍　责任编辑:魏渊源　加工编辑:马 妍　封面设计:张亚群

书　　名	和二木一起玩多肉
作　　者	二木 编著
出版发行	中国水利水电出版社 (北京市海淀区玉渊潭南路1号D座 100038) 网　址:www.waterpub.com.cn E-mail:mchannel@263.net(万水) 　　　　sales@waterpub.com.cn 电　话:(010)68367658(发行部)、82562819(万水)
经　　售	北京科水图书销售中心(零售) 电　话:(010)88383994、63202643、68545874 全国各地新华书店和相关出版物销售网点
排　　版	北京万水电子信息有限公司
印　　刷	北京市雅迪彩色印刷有限公司
规　　格	165mm×240mm　16开本　15印张　100千字
版　　次	2013年6月第1版　2015年2月第12次印刷
印　　数	100001—110000册
定　　价	48.00元

凡购买我社图书,如有缺页、倒页、脱页的,本社发行部负责调换

版权所有·侵权必究

摄于韩国某花市

前言

很偶然的一个机会，我接触到了多肉植物，几乎是瞬间就喜欢上了。从最初的爱好到现在涉足园艺界，感觉自己一直被这种植物深深吸引着。玩多肉不光改变了我的生活，也渐渐改变了我的家人，现在一家子因为植物和园艺变得更加亲密和谐。

都说种花养心，但是真正做到的人却极少。我不能说自己做到了，但在这过程中感觉真的得到了什么。植物与人之间没有那么多条条框框，你对它好，付出了，关爱了，它们就会让自己变得更加美丽来回报你。这种等价的付出与回报对现在社会来说很难得，这也是我深深喜爱多肉植物的主要原因。

现在的生活压力很大，通过与植物、花友的互动来减轻自己的压力是个不错的办法，能够保持一个较好的心态。我在工作中也会感到烦闷，在家中思考时，经常走到小露台，看看肉肉的状态，再晒晒太阳，心情一下就好了。传说中的"治愈系"也许就是这个意思吧。有时甚至会觉得自己也变成了它们中的一员，只是看看便知道它们需要些什么，浇水、日照……然后立马去搬动一下，改善肉肉的居住环境，摆来摆去的，一天时间慢慢就过去了……

不知是不是性格原因，我特别喜欢与大家分享玩多肉的乐趣，在与花友的交流过程中觉得很充实，虽然很多时候是面对着电脑回复各种问题，但也觉得幸福满满。我也希望能够有更多的人喜欢它们，了解它们，不光是多肉植物，其他所有的植物都是一样的。打破一些传统的不科学说法，让大家能够更加准确地了解植物本身，然后找到与植物平衡共存的生活方式。

休息时，我经常看英国BBC拍摄的关于植物、动物、地球、人类的纪录片。看着那些植物学家与地质学家在世界各地旅行，探索各种奥秘、植物与人类间微妙而紧密的关系，自己也常常幻想着有一天，中国也能有这样的植物学家、探索家，也能够拍摄出这样高水准的纪录大片。当然啦，我也幻想过自己就是这其中的一员（偷笑）。

《和二木一起玩多肉》我可以把它称为"多肉植物大全"，不光能够让大家入门，后期养护、栽培过程中的许多小细节也都有很详细而实用的介绍，希望能给广大爱好者带来帮助，也希望这本书能够为国内多肉植物的科普出一份力。

二木也是一位"中毒"较深的多肉植物爱好者，书中的养护经验都是在日常栽培中总结出来的，植物的专业性知识并不是太强，如果有不正确的地方，欢迎大家指正。

书中部分文字及图片是由好友协助完成的，特此感谢于婷、赵轩、程淼、谷钰怡、陈恩健、金丽敏协助整理。同时也感谢广大多肉植物爱好者们的支持与帮助！

（二木）

目录

Part1 奇妙的多肉植物 …………………… 001
一、什么是多肉植物 ………………………… 002
二、形态各异的多肉植物 …………………… 004
三、野生多肉植物 …………………………… 008
四、多肉植物真有神奇的净化功能吗 ……… 010
五、窗台与阳台——方寸空间呈现多肉魅力 …… 014

Part2 多肉植物的日常养护 …………… 019
一、多肉植物名词解释 ……………………… 020
二、日照 ……………………………………… 022
三、浇水的讲究 ……………………………… 025
四、利用日照与浇水对多肉进行塑型 ……… 028
五、通风 ……………………………………… 030
六、温度 ……………………………………… 031
七、虫害防治与肥料的使用 ………………… 036
八、根系的养护 ……………………………… 044

Part3 100种常见多肉植物图谱 ……… 047
一、百合科 …………………………………… 048
二、番杏科 …………………………………… 056
三、景天科 …………………………………… 064
四、菊科 ……………………………………… 118
五、萝藦科 …………………………………… 121
六、马齿苋科 ………………………………… 122
七、鸭跖草科 ………………………………… 125

Part4 上盆与配土 ………………… 127
- 一、购买技巧与买回后的处理 ………… 128
- 二、神器级别的园艺工具 …………… 132
- 三、配土方法 ……………………… 134
- 四、上盆方法及初期养护 …………… 142
- 五、换盆 …………………………… 146

Part5 多肉植物的繁殖 ……………… 151
- 一、叶插 …………………………… 152
- 二、扦插 …………………………… 157
- 三、分株 …………………………… 165

Part6 多肉植物小知识 ……………… 169
- 一、多肉植物的变色 ………………… 170
- 二、多肉植物开花 …………………… 176
- 三、气根 …………………………… 184
- 四、缀化和锦——多肉的变异 ………… 187

Part7 花器选择与组合搭配技巧 ……… 193
- 一、陶类花器 ……………………… 194
- 二、塑料花器 ……………………… 200
- 三、木质花器 ……………………… 203
- 四、藤类花器 ……………………… 208
- 五、铁艺花器 ……………………… 215
- 六、玻璃器皿水培 …………………… 220
- 七、其他花器 ……………………… 223
- 八、组合盆栽的搭配技巧 …………… 228

Part1

奇妙的多肉植物

多肉植物，从不认识到认识，从好奇到尝试，然后深深爱上。许多肉友正在或已经经历了这一过程。多肉让我们有机会了解大自然的神奇之处、了解植物的奇妙，感受到一个不同的世界。

一、什么是多肉植物

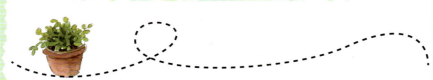

　　"多肉植物"原被称为"多浆植物"、"肉质植物",由于近几年爱好者越来越多,"多肉植物"的叫法越来越普及,更有人因它可爱而直接称呼其为"肉肉"。

　　这类植物的名称来源于它们强大的储水能力,叶片和茎肥厚多汁,一周甚至一个月不需要浇水,仅靠自身所存储的水分就能生存。原生于非洲的多肉植物数量庞大,并且非常高大,一些树状多肉植物被戏称为"看起来不像是地球生物"。很多人认为它们是沙漠植物,因为在非洲的沙漠比较多,例如:仙人掌、仙人球等,不过也有很大一部分多肉植物是生长在其他地区的,如高山、戈壁、瓦砾、山崖,只要阳光充足的地方,几乎都有多肉植物的踪影。

　　多肉植物家族非常庞大,全世界已知的共有一万余种,属于被子植物,也是开花植物,是植物界最高级的一类,适应能力及繁殖能力很强。多肉植物如今已经常出现在我们的日常生活中,仙人掌、仙人球、虎皮兰、长寿花、观音莲、芦荟等,这些最常见的小绿植都属于多肉植物。

🌱 虎皮兰　　🌱 仙人球组盆

近几年多肉植物发展迅速，常见品种越来越多，色彩与形态也越来越丰富，办公室和家里可摆放的多肉已不仅限于带刺的仙人掌（球）系列了。而且进口品种在国内被大量繁殖，普通品种的肉肉价格平民化，更加速了多肉植物在园艺中的发展。

一个窗台、一隅角落，不需要太多地方就可以打造自己心爱的迷你多肉花园。

Part1 奇妙的多肉植物　003

二、形态各异的多肉植物

多肉植物的品种非常丰富，在形态上也是千变万化，各有特点。大部分多肉植物的形态都打破常规，奇趣而美丽，这也是让大家喜欢它们的理由之一，也许它们都具有自己的寓意吧！我们分别举几个例子。

莲座状

比较常见的莲座状多肉植物特别招人喜爱，尤其是"雪莲"，真像是生长在无人高原山崖上的奇异植物，其实它与高原生长的珍稀植物雪莲并无关系（本页图片摄于韩国某花市）。

雪莲　　　　　　　　　　　广寒宫

酷似石头的生石花

生石花也备受青睐，它花如其名，与真正的石头摆在一起，不经意真以为就是一堆石头。生石花的品种非常丰富，颜色各异，不光有看起来像石头的，还有像屁股、大脑的。由于生长速度很慢，它的体型基本只能保持在2~3厘米，很容易安置。一个小小的花器就可以种上好几株，春季还会开花，带来许多新奇的乐趣（本页图片摄于国内某多肉大棚）。

Part1 奇妙的多肉植物

多肉萌物熊童子

熊童子的叶片不仅有许多小绒毛,形态也像极了熊爪。这让人一见倾心的多肉萌物,常常让多肉爱好者忍不住买上几盆,包括我。对于熊童子的特别喜爱,常常让我忍不住想:这种可爱到逆天的植物怎么会生长在地球嘞!

晶莹剔透的玉露

有些多肉叶片非常透亮,看起来像水晶和宝玉,许多人都有捏爆它的欲望。它们叶片的水分非常多,透明度很高,特别是在逆光的时候观察,就像一块透明的水晶。那透明的部分,叫做"窗"。"玉露"便是典型的一类。虽然这一类品种相对其他多肉植物来说要少很多,却被大部分花友所喜爱着。

🌱 大型玉露

🌱 黑玉章

🌱 大型玉露

除此之外，还有各式各样的多肉植物，去寻找属于你自己的那一份独特吧。

三、野生多肉植物

常见的市售多肉植物大部分是从国外进口的品种，大棚里繁殖的也基本都是，如八千代、黑法师、虹之玉、黑王子、白牡丹等。当然，这并不代表国内就没有多肉植物，其实在国内的野外与绿化带里也有许多肉植物，只是大家平时没有留意而已。

小球玫瑰、薄雪万年草、八宝景天、佛甲草等在绿化带里都很常见。野外的种类就更多了，只是更加原始些，观赏度稍低。

下层左侧是佛甲草，其余为薄雪万年草

瓦松

国内野外最常见的就是瓦松了，习性非常强健，虽然每年秋季开花后就会死亡，不过来年会依靠种子又繁衍出一大片。特别是南方屋顶的瓦砾中，那些成片生长，看起来像小宝塔一样的植物全是瓦松。

野生多肉虫害非常多，不论是土壤中还是植株上，有许多我们肉眼看不见的虫卵，带回家后在春秋季节很容易大面积爆发。所以在室内栽培这些野生植物并不是太好的选择，特别是为了防止瓦松开花死掉而剪去花茎的办法，其实是违反自然法则的。相信了解多肉植物在野生环境下的生存状态后，大家也会对植物有新的看法。

还有一部分马齿苋科的多肉植物，常被我们当野菜食用，采回家后用开水烫一下凉拌是非常可口的，在西南地区尤为常见。大家在爬山或旅游时可以多留意脚下的小绿植，说不定就有那么几棵多肉呢，考验体力的同时也增加了发现探索的乐趣。

四、多肉植物真有神奇的净化功能吗

> 多肉植物除了装点居室效果不错外,还有不少附加功能,但最主要的就是减压作用。对于辛苦的白领上班族来说,一天到晚面对电脑忙碌,经常会让大脑一片空白,处于缺氧状态。如果办公桌上有几盆可爱的小绿植,也可以稍微放松一下,开窗一边呼吸点新鲜空气,一边欣赏着这些可爱多彩的多肉植物,享受片刻惬意。

传统的办公桌小绿植要么是仙人掌、仙人球,要么就是什么"电脑宝贝"(火龙果苗),大家看得太多,便没了新意。而且一些商家利用大众关注健康的心理,兜售时宣称"仙人掌、仙人球防辐射,电脑宝贝防辐射"、"这些植物完全不用管理,几个月浇水一次就可以了"、"放在床头或者电脑前还可以释放氧气"……

多肉植物是否真能防辐射和释放氧气?是否不用管理,几个月浇一次水就可以了?很多时候,大家都被商家们的花言巧语误导,真的将它们直接丢在角落完全不予关注和理会,而这些可爱的植物则变成了牺牲品。

多肉植物并不能防辐射

二木可以很肯定地告诉大家：经过科学研究，目前花市上出现的这些仙人掌与仙人球一类的小绿植，包括其他多肉植物，并没有防辐射的作用。要不然，核电站周围全种上可以防辐射的仙人掌与仙人球不就完了么？至于以后能不能发现可以防辐射的植物还说不好。

很多时候，当我真诚而细心地给花友讲解这个问题时，部分人反而觉得我在骗人。真是有点无奈，所以像这些健康正确的园艺知识，要靠大家用正能量去传播！

多肉植物在夜间是否能释放氧气？

植物可以进行"光合作用"与"呼吸作用"，第一种大家应该很熟悉了，不过植物的"呼吸作用"大部分人还是头一次听说。植物的光合作用与呼吸作用是共同存在的，"光合作用"发生在白天，依靠阳光进行，吸收二氧化碳并且释放氧气。而"呼吸作用"是一直存在的，如同人类一样，植物也是需要吸入氧气，释放二氧化碳的。白天由于光合作用的效果远远大于呼吸作用，植物呼出的二氧化碳直接被用于光合作用，所以产生出来的基本都是氧气。但是到了夜晚，光合作用停止，而植物依旧需要吸收氧气，释放二氧化碳。所以卧室内不宜摆放绿植，也就是这个原因了。

不过对于一些多肉植物来说，它们的细胞采用一种独特的方式——景天科酸代谢途径（简称：CAM）。与其他植物有所不同，多肉植物在白天气孔关闭，不发生或者极少发生气体交换。而在夜晚则会同时进行光合作用与呼吸作用，所释放出的氧气远远多于二氧化碳，但这并不等于多肉植物的光合作用发生在夜晚。也并不是所有的多肉植物都以这种CAM方式进行光合作用，同样CAM也不仅仅是多肉植物所特有。准确地说，多肉植物的一大特点就是大多数种类采用CAM途径进行光合作用。

也可以简单地理解为：大部分多肉植物在白天吸收充足的阳光后，会在夜间进行光合作用，并且释放氧气的量远远大于呼出二氧化碳的量，是可以在夜间制造氧气的，有利于我们呼吸。而多肉植物中除了景天科外，仙人掌、仙人球、长寿花等植物也都适用于这种CAM方式。所以商家说的，这些植物可以摆在卧室里，能释放氧气的说法是正确的。

不过小小的几棵植物所产生的氧气是非常微量的，晚上睡觉哪怕把窗户打开很小很小的缝隙，效果也会远大于植物的作用。

利用多肉植物净化空气靠谱吗？

想依靠植物来给室内提供氧气或者吸收有害气体净化室内空气？这是相当不靠谱的。这个念头一定要打消掉。要知道，有害气体对植物也是有很大伤害的，依靠植物来净化新家的环境，不如每天老老实实地开窗透气，也不要盲目幻想几棵迷你植物制造出的氧气就够人类呼吸的。

多肉植物真的不需要太多的管理?

这一条倒是真真切切。多肉植物并不需要太多管理,只要放在光线较好的南面窗台即可健康生长,出差前浇水一次,一周或者一个月都是死不掉的。相对于其他花草来说,多肉植物算是相当好养了。形态也会随着时间慢慢发生改变,栽培时间越长越漂亮。

不同于其他开花植物,多肉植物一年只有很短一段时间开花,花朵绽开时无比艳丽,而凋谢后就失去这美丽的色彩了。因其自身看起来就极像花朵,只要管理得当,可以全年保持最美的状态,特别是春秋季节,丰富的色彩让人瞬间就迷上它们。

> 常说多肉植物是懒人植物,不用管理自己就能生长。不过对于我这样的"整理狂+强迫症"来说,养多肉要比其他植物麻烦得多!因为多肉占用空间小,而不同品种所需要的日照时间又不同,就迫使我每天都搬来搬去寻找更合理的位置和摆放效果。

五、窗台与阳台——方寸空间呈现多肉魅力

 多肉植物广受喜爱还有一个重要原因——占用空间少。可以用很小的花盆栽培，小酒杯、水果盘、碗、水杯等器皿也可以，不但节省空间，还回收利用了一些不常使用或准备丢弃的器皿。用这些改造后的旧物种多肉也别具一番风味。

摆放在日照充足的地方

　　大部分多肉植物都非常喜欢日照，摆放时尽量选择阳光较多的南向窗台与阳台。一个小小的阳台就能摆放几十甚至上百盆多肉植物，好好规整一番，就可以建立自己的迷你植物军团了。

大小统一的方盆最节省空间

使用大小统一的方形花盆最节省空间，计算好窗台或阳台大小后，再对应购买大小合适的方形花盆，一排排整齐地摆放起来，很有"阅兵式"的感觉。虽然摆放得很满，但一点不会有压抑的感觉，特别是看着多肉慢慢长大直到爆盆，简直太美了。这就是它们特有的魅力。

露台和阳台的摆放

拥有大露台或者大阳台的花友就非常幸福了，完全可以根据喜好建立一个自己的多肉植物王国。特别是阳台上的护栏与平台，全都可以利用上。空间足够的情况下，还可以给多肉安排不同的分区，如大型造景、立体悬挂、枯木多肉乐园、小巧独特的单盆造景等等。

搭架营造立体空间

在多肉植物数量不停增长的同时，我也会寻找更多的空间来摆放它们。在利用窗台与阳台时，我突发奇想，将洗浴用的不锈钢挂架、各种小桌、架子等通通利用上，连晾衣架也发挥了新用途。多肉植物随遇而安，而我则感觉自己变成了真正的空间大师。

摆放原则

摆来摆去的过程是很有意思的，我乐此不疲地将不同形状的花盆摆放在一起，以做到空间利用最大化，同时还要考虑各种多肉的习性。可以暴晒的品种放在日照最充足的地方，特别喜欢阳光的放在最外层，喜欢半阴环境的放在日照相对少一些的地方。多肉植物的高矮不同，生长速度不同，个头大小是否会挡住前排肉肉的光线等因素都要考虑到。摆放位置也是非常重要的一课，在这些日常的摆放过程中，你不得不先了解多肉的习性，不经意间就学到了许多知识。

Part2

多肉植物的日常养护

由于我们居住环境的限制,很少能达到多肉植物原生地的气候状态,并且我们在栽培时也常常会多品种混合栽种,沙漠多肉植物、高山多肉植物、沿海地区的多肉植物等,都种在同样的环境之下。为了让它们生长得更健康,只有尽量模仿多肉的原始环境,使它们慢慢适应本地气候。

一、多肉植物名词解释

养多肉时,我们不可避免地会听到和用到一些常用名词,这些名词就像多肉的标签,一定要先弄明白,才好开始种植。

露养

将多肉植物放置于露天环境下养护,是还原野生状态的一种栽培方法。只要是室外几乎都算露养,包括外飘窗、窗台外搭建的护栏等。

全日照

指将多肉植物放置于露天环境下,一天中能接受到阳光直射的时间,与日照强度无关。夏季最好不要全日照,如果没有风,产生闷热效果很容易死掉。

冬种型

夏季休眠较明显,且休眠时间比其他多肉更长,冬季可以持续生长的多肉植物。冬季温度低于5℃时大部分多肉植物都会处于休眠状态,即使冬种型也一样。

夏种型

夏季生长、冬季低温休眠的品种。夏季35℃以下都会正常生长,超过此温度时也会进入休眠状态,而冬季尽量保持10℃以上,温度过低不但会休眠,严重的还会导致冻伤或者死亡。

缀化

多肉植物"形态"的一种变异现象。指多肉植物受到不明原因的外界刺激后,其顶端的生长点异常分生、加倍,形成多个生长点,这些生长点横向发展连成一条线,最终形成扇形或鸡冠状。

锦斑

多肉植物"颜色"的一种变异现象。指植物体的茎、叶等部位发生颜色上的改变,如变成白、黄、红等各种颜色,大部分锦斑变异并不是整片颜色的变化,而是叶片或茎部部分颜色的改变。

群生

指单棵多肉植物体上着生多个生长点,长出许多新的小苗,并共生在一起。

徒长

指多肉植物在缺少日照、浇水过多的情况下,叶片颜色变绿,枝条上叶片的间距拉长,叶片往下翻,枝条细长,生长速度加快的现象。

叶插、扦插、分株
多肉植物繁殖的几种方式。后文会详述。

组合、混植、寄植
将不同品种的多肉植物种植在一起。

散光
指多肉植物没有直接受到阳光照射，而是放在直射阳光旁的散射光下的一种栽培环境。

半阴、阴养
一种阳光较少的栽培环境，相比"散光"，这种栽培环境的光线更弱一些。

闷养
指冬季温度过低时，用容器如一次性塑料杯将多肉植物完全盖住，制造一个小型温室的效果，保持塑料杯里的空气湿度足够大，水汽与塑料杯会阻隔大部分紫外线，所以不用担心盖住的多肉会被晒坏。同时也可以减少浇水，因为杯子内部的水汽就足够多肉吸收的了。一般常用于"百合科"多肉植物。

老桩
生长多年，拥有较多的木质化枝干的植株。

爆盆
指多肉植物生长太过密集，长满整个花盆的情况。

花箭
从叶片中生长出长长的花茎，多肉植物景天类常是这种开花方式。

砍头
一种修剪方式的通俗叫法，指用剪刀将多肉植物顶部剪掉。

二、日照

充足的日照会让多肉健康、漂亮、多彩,缺少日照的多肉就像没有翅膀的天使一样不完整,而日照过强,多肉则会被晒伤。如何控制和利用日照是一门学问。

日照长短

原生环境下的多肉植物每天最少会接受3~4小时的日照,有的会达到6~8小时甚至更多。而我们由于居住条件的限制,许多时候达不到这样长时间的日照,所以室内栽培的多肉各方面都会比室外的差一些。但是这并不影响大家的栽培热情,只要南面有一个小小的窗台,每天能有2小时左右的日照,也足够了。

充足的日照会改变多肉植物的状态,令其健壮,并且叶片紧凑,不易生虫。阴湿的环境是最容易滋生虫害与病害的,特别是春秋季节温暖而潮湿的环境下,要尽可能增加日照时间。通过日照改变多肉状态是非常明显的,下面有两组同一棵多肉植物在不同时间、不同日照长度下的对比照片。

吉娃莲 2012年2月8日

花月夜 2012年2月8日

放在室内玻璃窗台内,每天只有2小时左右日照时间。

吉娃莲 2012年6月15日

花月夜 2012年6月15日

这是进入春季后,慢慢转移到户外直接露天栽培的状态,每天大约有4小时以上的日照时间。

前后对比"判若两人",许多花友误认为是两个品种。肉肉的奇妙之处就在于此,不同环境下状态不同。即使是最普通的品种,也可以像麻雀变凤凰一样惊人。

缺少日照的多肉植物虽然也能继续生长，但状态比较差。长时间缺少日照会使它们抵抗力变弱，开始徒长，叶片、枝干间的距离拉长，失去了原本的美貌。有的品种甚至会因为没有日照而死亡，缺少日照死亡的原因很多，不过大部分是由于抵抗力变差，无法抵抗霉菌的攻击而烂掉的。

🍎 星王子缺少日照徒长的状态

日照强弱

　　虽然日照对多肉植物非常重要，但也要避免烈日暴晒。春秋季节是最容易发生晒伤的。有许多花友误认为日照越强烈对多肉越好，或者认为日照充足就能让肉肉的颜色更美丽，于是把一盆盆刚适应室内环境的多肉搬到户外暴晒，这是最容易造成伤害的，日照过于强烈甚至会将肉肉直接晒成"肉干"。在夏季做一些防晒措施是非常必要的，一些对高温比较敏感的品种还需要端到阴凉通风的地方来度过夏季。

　　在紫外线强烈时，可适当增加一些防晒措施。防晒网是不错的选择，根据自己家里的空间环境制作一个可以打开与起的防晒网，便于日常管理。如果嫌麻烦，就将多肉放在玻璃后，因为玻璃可以阻隔大部分紫外线。也可把多肉放在窗帘后，离家时拉上一层纱帘，也能避免晒伤。

TIPS

　　想让多肉植物完全置于强烈的日照下也并非不可以，但是需要一个循序渐进的过程，突然暴晒很容易造成伤害。另外"日照时间"与"日照强度"这两者一定要区分清楚。

下图都是被突然暴晒的后果，虽不至死，但要缓过状态来也需要几个月时间。所以大家就不要折磨这些可爱的肉肉了！

🌱 虹之玉

🌱 小人祭　　🌱 千佛手

适度的日照会让多肉变得非常美丽，特别是温和的日照环境下，颜色也会变得温柔，这也是大家喜爱它们的原因之一。日照让多肉植物的色彩变幻无穷，不再是单一的绿色。

🌱 黑法师

🌱 蒂亚（摄于韩国某花市）

🌱 花月夜

三、浇水的讲究

多肉植物的浇水一直是让人头疼的，不论新手还是老手，许多时候都拿捏不好。浇水量与很多因素有关：地域气候、天气、季节、温度、通风情况、多肉植物习性、土壤、花盆材质、每天接受日照时间、摆放位置、多肉状态、多肉大小等等等等。不要眼花，其实也是有规律可寻的。

缺水信号

不论是沙漠还是高山地区的多肉植物，枝干与叶片内都存有大量水分，所以浇水量一定不要太多。而且多肉植物在非常缺水时会消耗自身叶片的水分来供应所需养分，这时底部叶片会慢慢干枯掉；另外，番杏类及部分景天植物在缺水时叶片会起褶皱；还有的多肉在缺水时叶片会变软。这些都是它们给出的浇水信号。

鹿角海棠　　　　　　　　大花快刀

叶片褶皱或者变软，基本上浇水后第二天就会立即恢复，慢一点的第三天就能恢复。如果浇水后长时间都没恢复，那肯定是根系坏了，植物无法吸收造成的脱水现象。

不过有时叶片出现褶皱、变软也不一定是缺水，这就需要根据自己平时的浇水时间及最近的天气情况来判定了。一般来说，如果是缺水的情况，当晚浇水，叶片第二天就会饱满起来。但如果浇水后连续几天都没有改变状态，就需要注意了。这种情况一般都是植物的根系没有长生出来，或者原有的根系已经腐坏。这时可以将多肉从土壤中拔出来，重新清理根部，并换上干一些的土壤再种上。

浇水时间

春夏秋三个季节最好在傍晚或者下午凉爽的时候浇水，而冬季因为温度过低，最好选在中午时分浇水。浇水时沿着花盆边缘浇入，不要让水滴到叶片上。尽量避免水流入叶片中心形成积水，这样的积水会像放大镜一样，将阳光聚集到一点，直接把叶片烧坏。如果不小心浇到叶片中心，可以将水珠吹掉，或者用纸巾吸干。

白牡丹

浇水间隔

初期入门时，的确可以采用一个恒定的时间浇水，比如一周一次，一月一次……虽然这种方式能让大部分多肉存活下来，但也并不是太好。因为天气变化无常，而且花盆材质也决定了水分的挥发量，还有上面所说的许多其他因素，使得浇水间隔不能一概而论。这里挑几个比较重要的讲解一下，这也是我栽培多年总结出来的经验。

◆ **地域气候与浇水**：我一直认为这是决定多肉植物生长最重要的一个条件。虽然全国各地都可以养多肉，但如果幸运地居住在一个适合多肉植物生长的气候环境里，那可以省去你很多心思和时间，多肉自己就能生长得很好。比如山东威海的夏季，2012年最高温度才32℃，只持续了10天左右，然后回落到每天23℃~28℃。并且因为是沿海城市，每天都不断有海风吹来，实际温度会更低一些，非常凉爽。这样的气候对于多肉植物来说，几乎直接跃过了夏季休眠这个特性，多肉几乎全部处于生长状态，可以放心地浇水。而南方地区还持续在35℃以上甚至40℃的炎热气候，特别是西南地区，盆地气候是非常闷热的，风速也很小。这样炎热闷湿的环境会使多肉植物进入休眠，就不能再浇水了，这些地区大部分多肉都需要靠断水来度过夏季。但是断水时间过长也有可能直接干死，可以适当增加一些湿气，例如依靠在托盘中加水、傍晚凉爽时喷水等方法来缓解。

静夜

◆ **天气变化与浇水**：天气预报现在已是我每天必看的内容，甚至一天会看好几遍，因为这个预报是会变化的。看预报主要为了几个重要信息：晴天、下雨、阴天、温度、风速。这些信息决定了未来几天是否需要浇水。如果连续阴雨，放在户外的多肉最近两天就不需要再浇水了。而阴雨天气也会使室内的多肉花器内的水分挥发速度变慢，所以也可以相对延长浇水时间。相反，如果是连续晴天，而且风速还不错（3~5级），温度适宜（10℃~30℃），就可以频繁浇水了。不过这个还需要根据花盆材质、多肉植物的大小来判断浇水量。

◆ **花盆材质与浇水**：透气性最好的陶盆养多肉比较适合，因为不存在涝死植物的情况，哪怕是干一点，只要多肉不死，浇水后状态还是会转好的，非常适合入门爱好者使用。但是陶盆也有缺点，就是水分挥发得太快，花器底部不保水，这会减缓多肉植物的生长速度。因为没有足够的水分来让多肉生长，水分在多肉吸收完全前就挥发完了。特别是夏季，许多花友误认为红陶盆透气好，干透的环境对多肉植物是非常好的，所以干脆就不浇水，结果直接导致多肉干死。

春秋季节比较凉爽，但日照充足的时候，陶盆里的水分几乎1~2天就完全干透了，这时1天浇一次或者2天浇一次水都没问题。而陶瓷、铁器、塑料等花盆因透气性相对较差，浇水间隔一般都是陶盆的2~3倍。这些花器栽培的多肉植物几乎不需要太多管理，浇一次就可以放心出门了。夏季常说的断水也是针对这些透气性较差的花器而言，因为浇水后还会有大量水分储存在花盆底部。

TIPS

多肉植物也是需要有水分才能生长的，完全没有水分时会停止生长。

◆ **多肉植株大小与浇水**：这一般是栽培多年的爱好者才会总结出来的一点。新种下的多肉因为根系较少、正在适应新环境、损伤恢复中等因素，对水分的吸收能力较弱，并不需要浇太多水。对于这类多肉植物，较好的浇水方式是：频繁而少量地浇水。

而生长多年、非常健壮的多肉植物，因为根系已经非常发达，种在陶瓷类透气性较差的花盆里，在连续晴天的情况下也可以2~3天浇水一次，如果是种在陶盆内甚至可以1天浇水一次。露养环境中即使遇上连续阴雨或者暴雨天气也没有任何影响，反而会生长得更好。这样的多肉我都是采取猛灌的方式浇水的。

筒叶花月

四、利用日照与浇水对多肉进行塑型

一般来说，多肉植物的塑型是非常缓慢的，因为它们实在生长得太慢了，想加以造型一般都需要生长2年甚至更长时间，等枝干木质化后才能进行。不过我发现一个利用徒长来塑型的好方法，可以加快塑型时间，并且使其可控化。

将多肉放置在散射光处，根据水分消耗速度浇水，保持花器中的土壤始终有一定的湿度，夏季放在凉爽的地方，冬季则放在室内较温暖的地方，让其一直处于生长状态。经过一段时间后，多肉就会开始徒长，枝干也慢慢伸长，初期虽然非常难看，但这正是我们所要达到的目的。

当枝干达到塑型理想长度时，开始减少浇水，并慢慢挪到有一点日照的地方。这个阶段一定要注意，千万不要直接拿到户外暴晒，强烈的反差仅一天就会让其直接死掉。因为缺少日照，徒长后的多肉变得非常脆弱，枝干很脆，叶片也很容易掉落，挪动时一定要小心。

白牡丹 2012年2月7日

接受日照栽培一段时间，多肉的抵抗力增强后，枝干也会变得更粗壮些，这时就可以将徒长的多肉统一挪到事先准备好的花器中了，并将植株顶部全部剪掉。剪掉的部分可以用于扦插，而剩下的枝干会重新生出新芽。这时需要注意，枝干木质化前一定不要轻易将叶片掰掉，脆弱的枝干很容易因叶片的脱落出现损伤而无法恢复，会直接从伤口出现断裂。

白牡丹 2012年3月16日

白牡丹 2012年8月29日

接下来慢慢增加日照时间，略微减少浇水量，但是不能断水。当枝干慢慢木质化后，就可以将大一些的叶片全部掰掉了，养分就会集中供给顶端新生出来的小芽。在以后的管理中，可以间接性断水（就是延长浇水间隔，比如正常一周至10天浇水一次，为了让枝干木质化更快一些，可以改为20天或者一个月浇水一次。经过3~5个月的时间基本就成型了），让枝干木质化更彻底一些，有利于后期生出新芽。形状达到理想状态后，就可以正常养护了。在春秋日照充足的时候甚至可以暴晒，天天浇水，都不会死掉。

白牡丹 2012年9月24日

五、通风

通风指的是空气流通情况,大多数多肉植物原生地的空气流通状况都非常好,这一点对多肉来说很重要,尽量给予较好的通风会让多肉长得更加紧凑漂亮不说,还能预防一些病虫害。

室内栽培时要多开窗户增加通风,最常见的霉菌、小黑飞(确切名称未知,这是我的叫法)等虫子的出现,就是由于长期处于封闭状态、空气流通太差导致的。通风不好还容易滋生白粉病,特别是"火祭"这种多肉植物。

"露养"的通风效果最好,这是现在很多花友追求的一种栽培方式。接受到的紫外线更加强烈,空气流通更好,水分挥发更快。特别是夏季,大部分多肉植物因炎热而进入休眠状态,需要在室外较好的通风环境下,才能顺利度过夏季休眠期。

但受地域、温度、天气等条件的限制,是否露养还要看具体情况。

◆**北方地区**:非常适合露养,但是冬季温度太低,必须搬回阳光房或者温室才行。

◆**北方沿海地区**:风都比较大,即使不露养,通风效果也很好。

◆**南方部分地区**:梅雨季节比较多,闷湿的时候比较多,通风环境较差,所以露养就变成了不错的选择,但需要做雨棚之类的防雨措施。因为南方一下雨会连续几天,有时甚至一个月都一直在下,这样花盆内的积水一直干不了,很容易涝死。如果是夏季就更危险了,基本上连续3天大雨积水后又晴天,造成闷湿的环境,肉肉直接就死掉了。

◆**江浙一带与广东、云南等地区**:露养是比较合适的,这些地区露养的通风效果刚刚好,非常适合多肉植物生长。不过沿海地区台风也比较多,要特别注意安全问题。另外还要避免一些环境突变,如大雨过后的烈日晴天。这样的天气是露养多肉的终极杀手,可以瞬间破坏一大片。所以要搭上防雨棚与防晒网,最好是活动的,不需要的时候就打开。连续阴雨时可以防止雨水过多导致的腐烂,晴天烈日时也能防止日照过强而灼伤。

姬星美人雨后晴天暴晒效果

六、温度

温度的高低会影响多肉植物的生长与休眠,甚至能否存活下去。对温度的掌控是必须的,至少要知道如何让多肉在更加舒适的温度下生长。

冬季低温

多肉生长的最佳温度是10℃~30℃,在这个范围内会以正常速度生长。低于0℃会出现冻伤,0℃是冰点,当达到0℃或以下时,水会变为冰。而多肉植物的茎与叶片内大部分都是水分,植物的内部会慢慢结冰,短时间内虽然不会死亡,但也会造成冻伤。这时完全停止浇水是明智之举,如果继续浇下去,不但植物不能吸收,温度过低水分也无法挥发,会连同土壤一起结冰,给植物根系造成更严重的冻伤,破坏植物的吸收恢复机能。

当然,也有一部分多肉是比较抗冻的,特别是景天属和长生草属,最低能抵抗-15℃。景天属的大部分多肉,如薄雪万年草、佛甲草、垂盆草等,在国内很常见,并且常被用于园林绿化。冬季温度太低,地表带有叶片的部分会死亡,但是来年春天又会从地下的根茎重新发出新芽,并迅速生长出一大片。而长生草属本来就属于高山植物,高山上夜间温度本来就很低,所以也是非常抗寒的。其他比较抗寒的还有石莲花属,部分叶片较厚的多肉也能够抵御短时间的低温环境。不过前提是根系与主体非常健壮。

薄雪万年草

🌱 紫弦月

🌱 观音莲

🌱 佛甲草

  冬季低温时,大家会将多肉搬回室内,北方地区大部分家里都有暖气,温度基本都在20℃以上,所以多肉也会一直生长,这时往往大家担心的更多。因为冬季日照强度与时间都会减少,多肉难免会徒长,整株变绿不说,形态也十分难看。通过我自己的露台玻璃房观察发现,让多肉适当地进入"低温状态",可以保持秋末时留下的美丽色彩和形态。这并不是说要将多肉搬到户外去"受冻",在寒冷的天气下,多肉的叶片会变软,长时间如此会出现冻伤甚至死亡。"低温状态"指的是5℃~10℃,一定要高于0℃,并且不需要通风,只要保持好这个温度,即使每天日照只有1小时,多肉也会缓慢生长,并且保持美丽的色彩和身材。

想达到这样的环境就非常容易了，可以摆在室内的窗台或者密封的阳台上，偶尔开窗透气。

下面将我家玻璃房内多肉过冬的情况简单描述一下，供大家参考：玻璃房是完全密封的（西南朝向，位于室外露台），下雪天室外-10℃~-5℃，内部会使用电暖气（水电两用节能型，只开水暖每小时耗电650W），温度能保持5℃左右。同样，阴天与夜间温度也会持续下降，打开电暖气也只有5℃~10℃的样子。玻璃房的主要作用是挡风，在没有加热设施的情况下，会慢慢降温最终与室外相同，所以北方地区必须要有加热装置。另外，玻璃房内的湿度非常大，基本半个月至20天才浇水一次，因为在这种低温下多肉还是会缓慢生长的，所以一定不要完全断水。在白天有日照的情况下，玻璃房内的温度会升到10℃~15℃。日照时间从早上10点到下午2点左右，因为玻璃房内多肉位置不同及建筑物阻挡光线等因素，室内的多肉大概只有2~3小时的日照时间，有的甚至更短。不过连续几个月几乎没有出现徒长情况，反而一直以肥壮美丽的姿态生长着。

吉娃莲

🌱 熊童子

🌱 唐印

TIPS

北方地区冬季让多肉适当进入5℃~10℃的低温环境(一定要高于0℃),不需要通风,即使每天日照只有1小时,多肉也会缓慢生长,并且保持美丽的色彩和身材。

夏季高温

夏季温度过高时,大部分多肉会进入休眠状态,一般超过30℃就会有部分多肉开始休眠,超过35℃时大部分会进入休眠状态。休眠时根系会停止吸收水分,自身也会停止生长,状态变得比较差。这时同样要停止浇水,因为这时注入的水分多肉是吸收不了的。而闷热的天气会使水分蒸发,当温度过高时,会在花盆内形成桑拿室一样的环境,直接破坏根系,然后开始整株腐烂,基本是无法挽救的。所以夏季要适当遮阴,特别是那些对高温敏感的多肉,可以摆放在阴凉干爽的地方。

在夏季人们开始觉得闷热难受的时候,多肉也要休眠了,植物与人类对温度的感受是相同的,有时刻板地按照温度去衡量植物的生长是不太实际的。不过有部分多肉在夏季休眠时是可以通过植物状态看出来的,"黑法师"在温度过高时叶片会卷成玫瑰状,并且最底部的叶片会大量干枯脱落,这是非常明显的休眠迹象。而"灿烂"在夏季叶片几乎全部掉落,看起来就像死去一样,只剩下一根光光的枝干,春季来临时又会从枝干长出新的叶片。

> **TIPS**
> 多肉植物也分"冬种型"与"夏种型",这两种分别代表夏季与冬季也能持续生长的多肉植物,但是不论哪一种,在夏季温度过高和冬季温度过低时也都是会休眠的。

绒针

七、虫害防治与肥料的使用

多肉相对于其他植物来说，病虫害是非常少的，但也不是没有，没有病虫害的植物反而不自然。虫子与植物共同生长是正常的，遇见时大家也不必惊慌，只要处理方法对了就没关系。不过对于讨厌虫子的花友来说，除虫的确是一件非常头疼的事。

多肉植物中最常见的虫害有介壳虫、蚜虫、小黑飞（这是我自己的叫法，确切名称不知）、毛毛虫、蜗牛等。除毛毛虫外，其他几种都可通过增加通风来预防，这也是露天养植的多肉较少见到介壳虫与小黑飞的原因之一。防止生虫的最好办法就是严格做好新购入多肉的初期清理工作，清洗、修根、扔掉原土壤，一个都不能少。

想消灭一种虫子就得先了解它们的习性，下面开始一一介绍吧！

介壳虫

多肉植物出现最多的虫害就是它，种类非常多，不过最常见的有两种：一种是普通的白色介壳虫，常被称为"白粉介"，喜欢粘在叶背和叶片中心；另一种是根粉介壳虫，常出现在土壤中，极少爬到土面上来，这也是最难发现且最难根治的一种虫害。

白色介壳虫

普通的白色介壳虫比较好发现，平时观察多肉时翻一翻叶片就能看到，特别是那些土壤非常干燥的花盆里经常能发现。这种虫子讨厌湿润的环境，所以喜欢气候干燥的多肉就成了它们"菜谱"中的头几名。那些长期不浇水、土壤非常干燥的陶盆里的多肉是最容易出现的，可以特别关注一下。这种虫子传播也比较快，主要靠成虫爬行传播，爬行速度比较快，很容易从一株爬到另一株上。发现后要及时将其隔离，不然一个阳台几盆甚至几十盆多肉几个月后就会全都爬满。它们以吸取植物液汁为生，由于繁殖速度特别快，爆发较多时会造成枝条凋萎或整株死亡。另外，白色介壳虫的分泌物还能诱发煤污病，危害极大，发现后要立即处理掉。

不过也不要紧张，少量发生的情况下几乎是无害的，清除方法也很简单，使用牙签或者小镊子就可直接消灭。因为有虫卵和幼虫存在，不一定能清理干净，这就需要经常检查，反复消灭。如果发现数量较多，手工清理太过麻烦，就需要使用药物了。"护花神"是一种便宜而不错的药物，可以杀死大部分虫子，对付这种普通的介壳虫也有特效。只要按照说明书上的比例兑水喷洒即可，注意一定不要过浓，不然会对植物造成伤害。使用时也可分为几个阶段多次喷洒，比如利用浇水的时段一周喷洒一次，一般两次后就可达到彻底清除的效果。

如果家里有小孩儿或者孕妇或者主人不想使用药物，也有方法可以清除。将带有虫子的多肉拔出来，用水清洗干净，特别是叶片背面和叶片中心。再用清水完全浸泡5分钟，再拿出来冲洗，晾干后种上即可。虽然这样也未必能彻底将虫子们灭绝，不过能保证很长一段时间内不会再爆发虫害了。

网上介绍的其他除虫方法也有很多，比如用酒精擦拭、洗衣粉水或烟丝泡水等，大部分我都试过，不是太好用。还有使用杀虫剂直接对着植物喷洒的，植物直接就死掉了。如果使用酒精，一定要稀释，不然直接用会将叶片烧坏。建议大家尽量少尝试，任何药物都会对植物本身造成伤害。直接用清水处理，效果不一定比药物差。

TIPS

切忌发现介壳虫就紧张地胡乱用药。

根粉介壳虫

大家一般简称为"根粉"或者"根粉介"。这种虫非常令人头疼，因为它只出现在土壤里，粘附在根系上，极少或者爆发太厉害才会钻到土面上来，极不容易被发现。并且会不停地壮大发展直至整个花盆内部全是虫子，浇水时虫卵与幼虫还会顺着花盆的出水孔流出，流窜到其他花盆里。可以这样形容它的传染速度：如果阳台有100盆多肉植物，其中一盆染有"根粉"的话，那么一个夏季，这一百盆都难逃厄运。

刚购入多肉时，一定要全部清理检查，特别是连同植物一同带回的土壤必须扔掉。如果觉得土壤很好舍不得丢，混入新土后再重新种上几十盆，又恰好

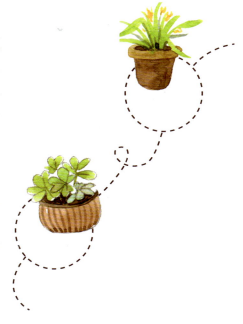

这一盆土壤中带有"根粉"的虫卵，那么这几十盆多肉都将不幸染上"根粉"了。这是我亲身经历过且非常惨痛的血泪史——由于出差前舍不得丢弃的一盆土壤中含有"根粉"的虫卵，重新混土后栽种了其他多肉植物，回家后发现整个阳台几百盆无一幸免。

不过"根粉"的寄生也是分植物的。常见于景天科、番杏科，且最多；百合科（玉露、十二卷等）的则基本见不着，甚至同一盆混栽的多肉植物中，景天科的根部发现大量"根粉"，但玉露却没有。难道是因为百合科不好吃？不过也有可能与植物的汁液成分有关，有的植物分泌出毒液和麻痹性的液体，就是为了防止这样的虫子啃食。比如"清盛锦"，一般很少发现有虫子寄生，我亲口尝试过，味道很像香蕉皮，非常涩口。

被"根粉"寄生的多肉生长会变得非常缓慢，甚至不长。这种不长不死的状态会持续很久，平时多留意也能发现。由于"根粉"的口器带刺，在吸收根部的营养时会造成许多小伤口，非常容易感染引起腐烂。特别是夏季，此时大部分多肉处于休眠状态，本身就不生长，很难判断是否染有"根粉"，许多时候，直到夏季过去多肉死亡后，挖出来才发现根部全是虫子，为时已晚。

灭杀"根粉"的最佳方法还是使用药物，药物只能杀死成虫与幼虫，不能杀死虫卵。用药后不久，虫卵又孵化成幼虫，继续肆虐，要连续使用药物灌根才能彻底灭杀，虫卵比虫子本身更可怕。"根粉"的抗药性非常强，使用普通药物几乎没有效果，最常见有效的药物有"蚧必治"、"速扑杀"，但这两种药的药性都非常强，一定要注意兑水比例，不然很容易伤害植物本身。还有一种"拜耳小绿丸"效果也非常好，这是一种埋入土中的药物，多肉植物吸收后，在体内与水分混合，虫子吸食根系时会一同吸入药物并被杀死。

其实也并不一定非使用药物，人工清理的方法也有，只是相对麻烦一些，不过我还是比较推荐这种方式，毕竟不会对土壤造成二次污染。

清理"根粉"的方法：

1.将染有"根粉"的土壤全部清理掉，可以拿到楼下暴晒两个月，然后沤一些肥料，倒入院子的花坛里使用。

2.花盆用钢丝球刷干净，并且浸泡于消毒液中，时间没有限制，越长越好，泡足够长时间后再冲刷一遍即可再次使用。

3.将染有"根粉"的多肉根系全部修剪掉，并用清水清洗根部，然后泡于高锰酸钾液中5分钟。泡好后同花盆一样，需要再清洗一遍。仅有消毒作用，不具有杀虫效果，不会对植物造成伤害。

4.将重新清洗好的多肉晾干，换上新的土壤与花盆，放置在通风较好的地方即可。

经过以上程序，基本可以清理掉99%的"根粉"，但也不能保证完全清除。在后期养护中多通风或者直接露养是不错的选择，即使有虫子也会大大减缓它们的活跃度与繁殖速度。虽然"根粉"是一种非常可怕的虫子，但只要应对方式正确，都是可预防、可控的，完全不用惊慌。一些对虫子敏感的花友，见到虫子后就不知所措了，开始胡乱倒腾。仔细想想，既然发现虫子了，就先从了解虫子开始，然后对症下药，也不差这么几天时间的。多经历几次，知道处理方法就没事了。

根粉介壳虫

蚜虫

蚜虫非常常见，月季、玫瑰、其他草本小绿植经常会出现它们的踪迹。大家想过为什么会出现蚜虫吗？突然之间就集体爆发的大片蚜虫是从哪里来的？

其实成年蚜虫是会飞的，有了翅膀就方便多了。而且蚜虫繁殖速度非常快，这也是为什么将植物带回家时并没有虫害，过一阵突然就出现大片蚜虫的原因。

常见的蚜虫是绿色的，还有一种黑色蚜虫，两者习性差不多。蚜虫的破坏能力也很强，因为超强的繁殖能力会在几天内转变为蚜虫大军，很快就将枝干吸食干枯，破坏茎秆部分，而且可通过成虫的飞行或者爬行迅速蔓延开。

不过它却是一种相对较容易对付的虫子，少量蚜虫直接用手就可以清理掉。量大时可将多肉拿到水下冲洗，很快便可清理干净。露养的肉肉在几场雨后，依靠大自然的力量就能够将其驱除。如果实在太多，也可以使用药物，"护花神"就可以完全将其灭杀。

只要平时加大室内通风或者放置于露天栽培，多肉基本都会躲过蚜虫的祸害。也许是蚜虫们的"菜谱"太多了，多肉植物根本就排不上号吧！

蚜虫

Part2 多肉植物的日常养护

小黑飞

这种虫子我也不清楚到底叫什么,它们只会在通风极为不好的情况下出现。虫子会在土里产卵,幼虫都不会飞,刨开土壤就能看见大量小虫子活动着。一般情况下不会传染,但在有虫卵的花盆里会越生越多。活动范围不算大,但是多了特别讨厌。

防范的最好方法就是加强通风或者直接端到户外,空气流通较好的情况下是绝对不会生出小黑飞的。如果不幸中招,需要将花盆内的土壤全部换掉,清洗花盆与根系,换上新土重新种上即可。基本不需要喷药,如果实在觉得麻烦就喷一点点吧。另外还有一种方法也不错,用一个小碗装满肥皂水,放在与花盆持平的地方,小黑飞会集体飞向碗里自杀,不过这方法不一定哪里都能见效。

毛毛虫

这个是最难对付、且对多肉危害较大的虫子。毛毛虫孵化出来就会钻到叶片中啃食,开始啃食最嫩的地方,随着它们慢慢长大,胃口也会变大,吃光一片后又钻入另一个叶片啃食。爆发较多的时候,能在几天内将一株半年苗吃光,非常可怕!

毛毛虫是通过小蝴蝶来传播的,蝴蝶白天先到院子或者阳台踩点,晚上再回来将卵粘在叶片上,卵是能用肉眼发现的,可以用小镊子或者牙签弄掉。一只蝴蝶一晚上最少可以产下几十颗卵。我放在露台露天栽培的多肉,每天都会发现很多虫卵,夏末高峰期发现虫卵并清理后,第二天会在同样位置附近再次出现。蝴蝶会在各处产卵,虫卵太多,难免会有遗漏。

产卵的蝴蝶

观察发现，蝴蝶产卵的对象也不是杂乱的，都有一定规律可循。带有绒毛、较大型且叶片较厚、颜色较深的多肉叶片上是没有卵的，或者偶尔有几颗。像薄雪万年草、塔松、虹之玉、乙女心一类叶片较小的景天科多肉植物是蝴蝶产卵首选，这些叶片较小较薄的多肉很适合刚从卵里孵化出的小毛虫食用，平时搜寻虫卵时要重点查看。

当然，蝴蝶产卵的传播方式也受环境所限，只有在纯露养的情况下才会出现毛毛虫，如果在室内，它们就无能为力了。

🌱 虫卵

人工清理蝴蝶卵非常麻烦，漏掉几只都很正常，也可选择在后期清理。不过这时多肉植物多半都被啃食了，损失是避免不了的。被啃食的叶片很容易发现，虫洞、黑色粪便、叶片残缺等，都是毛毛虫搞的鬼。

🌱 毛毛虫

🌱 被清理的毛毛虫

🌱 被啃食的叶片

Part2 多肉植物的日常养护　041

使用药物清除也是可以的，不过小毛虫抗药能力很强，如果使用"护花神"，需要加大浓度才行。使用药性较强的"蚧必治"等药物来灭杀，效果也不错。不过也只能清除这一批，如果蝴蝶再来产卵，依旧阻止不了毛虫的爆发。另外，使用药性较强的药物时，要做好防护措施，必须有手套，并且远离食物、蔬菜、餐具等。要特别注意说明书上的兑水浓度，宁可稀一点也不要过浓，不然很容易对多肉本身造成伤害。我有许多次就是没有注意浓度问题，导致大片多肉植物损伤。而且使用药物后也不要晒太阳，易晒伤，应放在散光或阴凉处几天后再晒。药物损伤后植物恢复非常慢，只有等待新的叶片长出来才行，基本上都在3个月到半年的时间，这点请大家切记。与其被药物伤害还不如让虫子多啃几口，被虫子啃过的肉肉有时还会出现惊喜，比如从新的生长点长出多头小苗。

TIPS

不要看见虫子就紧张，切忌胡乱用药。药物都是有害的，特别是杀虫剂，很容易对土壤造成二次污染，所以在药物方面能少用就尽量少用。

药物引起的叶片突变

药物对叶片的损伤

喷药后晒伤的情况

其他害虫

露天栽培多肉是与大自然直接接触，虫害种类相对较多，特别是一楼的院子，如果是顶楼露台或者阳台会好很多。其他常见的虫害也需注意，特别是蜗牛与蛞蝓（没有壳的蜗牛），这两种虫子啃食多肉叶片的速度相当快，可别小瞧蜗牛，这家伙绝对是个吃货！

病害

多肉植物的病害非常少，平时基本见不着，但是有一种还算普遍，那就是白粉病。这是一种较难治疗的病害，即使喷药也不一定能治好。白粉病也是会传染的，发现后要立即隔离。可放置在露天环境下暴晒，然后接受雨水的清洗，多肉从病魔手里逃脱能有一半几率。

白粉病

患病的主要因素有几种：
1. 水分过多，土壤过分湿润，滋生霉菌。
2. 过分干燥、荫蔽，长时间不浇水，不见阳光。
3. 植物品种的自身原因，某些品种比较容易患白粉病。如：火祭、赤鬼城、瓦松等。

可以根据这些情况，采取一些预防措施。

肥料

多肉植物需要的肥力很少，几乎不用给肥。因为其自身生长非常缓慢，即使用肥，短时间也看不出效果，千万别抱有催肥能使之迅速生长的想法去使用肥料。推荐"控释肥"，好处是省事，而且肥力刚好适合多肉植物，在土壤中混入或者在表面撒几颗就可以保持6个月左右的持续肥力，这种慢慢释放的肥力是非常适合多肉植物的。

黄色颗粒为控释肥

八、根系的养护

任何植物的生长都是从根系开始的，根系是吸收水分和土壤中微量元素的主要途径。栽培多肉第一步要做的就是想办法把根系养护好，这会影响到后期的生长状态。

养根的第一步就是"土壤"，关于多肉植物的配土后面会专门讲到（Part4 上盆与配土），土壤配制正确了，根系会疯狂地生长，不出两周时间就能把整个花盆占满。而相反地，如果使用那些腐化特别严重（成分主要是没有沤熟的叶片渣）的黑色腐叶土、腐殖土，基本是生不出新的根系的，这样的土壤非常不适合多肉植物。还有那些容易板结的泥土，直接会把根系闷死。所以不论什么植物，1~3年翻一下盆、换一下土比较好。主要就是为了让土壤松软、充满间隙，这样根系才可以正常呼吸。

多肉植物的生存能力非常强，即使在生不出新根系时，也可以消耗自身或者依靠空气中的水分存活，仅依靠气根就可以生存好几个月。应当多注意那些长时间不生长和长时间状态不佳的多肉植物，一般都是根系出了毛病。如果不是配土的问题，就要考虑一下通风、温度、浇水等原因了。

图中都是生长非常健康的多肉植物，拔出来换盆时能发现，根系都非常强大。所以根系生长情况如何，一看多肉状态就知道了。

新买回的多肉植物，特别是网购的，许多都是没有根的，这就需要先生根。方法有很多，使用泥炭土生根非常不错（具体方法见"Part4 上盆与配土"），这种介质对根系生长有很大帮助。也可使用蛭石，缺点是生根后要立即挪走，因为蛭石本身没有任何营养，不利于植物后期生长。还有依靠空气中的水分生根、水培生根或使用干水苔生根的方法，都不错。

利用空气中的水分来生根是国外比较常用的方法，可以避免植物因土壤中的霉菌而腐烂。但是当家里的多肉多起来时，就没这样的精力去折腾了，大部分都是直接种在土里。

新生的根系是白色的，有的还带有一点点绒毛，许多花友误以为是虫子就立即拔掉或者喷药，这都是非常不正确的做法。年头久一些的老根颜色深一些，并且会慢慢木质化，这种强健的老根就像给自己"穿"上了一层具有保护作用的外套，可以防止霉菌、幼虫等，是非常难得的，千万不要将这种老根误认为是干枯的根系给剪掉了。

只要做好前期工作，根系就会健康地生长起来。不过后期的根系养护也要注意几点：

1.水分不要过多，以免造成浸泡现象，浸泡时间过长根系容易腐烂。

2.不要太过干燥或者直接断水，土壤中水分含量过少时根系会慢慢枯死，不利于生长。

3.尽量避免在温度过高的夏季中午浇水，因为花器内温度本来就很高，这时浇水直接就形成桑拿状态，使根系闷死。

多年生老株的根系一般都非常强大，因为只有足够强劲的根系，才能从土壤中汲取更多的营养来生长，并且这类根系强健的多肉"喝水"也非常厉害，常常会打破少量给水的定律，春秋生长季节两三天就浇水都是很正常的。

健康的根系一定会非常强大，而强健根系其植株也会非常健康，这是一条定律。看看下面这些健康的根系状态吧。

Part 3 100种常见多肉植物图谱

多肉植物品种繁多，虽然习性大多相似，但每一种还是有自己的独特之处。本章这100种多肉植物都是目前国内比较常见，并且我亲自栽培过总结出的独特养护方法及心得，供大家参考使用。

地点：山东威海。因多肉植物在不同地域、不同环境下养护方法有较大差异，故本章方法仅供参考。网上的多肉植物高手心得也不见得完全适用，建议大家根据自己所在地区，摸索出一套适合自己的养护方案。多肉植物的养护方法没有最好，只有最适合。

关于多肉图谱的说明

名称：多肉植物的名称没有用植物学中常用的拉丁文表示，因为拉丁文许多人都不认识，并且没有足够专业知识的人也无法取证字母排列是否正确。所以全部采用国内最常使用的中文名称，便于大家区分和认识。

温度：介绍中很少提到夏季与冬季温度的情况，5℃~35℃是多肉植物能适应的正常温度，如果高出或者低于，就要根据植物状态和周围环境采取一些必要的保护措施了。具体的温度介绍在前面（Part2 多肉植物的日常养护）已详细说明。

日照：仅指日照时间，与日照强度无关，秋季与夏季日照强烈时要适当遮阴，使用遮阳网或者放在纱窗与玻璃后。

浇水：一次浇透。因为花盆材质、气候、通风、地域等因素对浇水都有影响，这里标注的每月浇水几次是抛开以上条件而言的，特别是红陶类花盆、藤编类透气性极强的花器，春夏秋几乎每2~3天就要浇水一次，这里说的浇水次数仅代表陶瓷类透气性不太好的花器。

- ● 1个表示每天1小时日照时间
- ★ 1个表示每月浇水1次

●●●●●
★★★★★

百合科

bai ban yu lu
白斑玉露

百合科 十二卷属

生长速度：较慢
繁殖难度：一般

春季 ●●○○○ ★★★☆☆
夏季 ●○○○○ ★★☆☆☆
秋季 ●●○○○ ★★★☆☆
冬季 ●○○○○ ★★☆☆☆

一种比较特殊的玉露，叶片为少有的白色调，体型在同种类里属中等。喜欢凉爽、通风良好的环境，半阴状态下就可以长得很好。适当增加一点不强烈的日照，或者放在纱窗、玻璃后晒，会使叶片饱满。根系非常健壮，使用较深较大点的花盆是不错的选择。浇水根据健康程度与大小而定，多年老株可大量给水，也可适当喷水保持植株周围的湿度。夏季高温时减少浇水量，不然容易腐烂，忌暴晒。冬季可用一次性塑料杯盖住全株，俗称"闷养"。这样也不需要浇水太多。

适合与同种类的玉露组合，与其他十二卷系列搭配效果也不错。如单独栽培可选择干净的白色调花器，在土壤上覆盖一层浅色颗粒植料，小清新的风格立马呈现出来。叶片饱满的情况下也可在室内栽培，如果因浇水过多而出现徒长，再拿回玻璃窗后每天晒1~2小时即可。

繁殖方式以分株为主，新的分枝会从老株叶片间长出，长到一定大小（3厘米以上）后剪下来插入土中生根即可。

宝草
boo coo

百合科 十二卷属

生长速度：较慢
繁殖难度：一般

| 春季 ★★★☆☆ | 夏季 ★★★☆☆ |
| 秋季 ★★★★☆ | 冬季 ★★☆☆☆ |

原生地位于南非，喜欢半阴、温暖、通风良好的环境，较耐日照。有点像玉露，但叶片透明度没那么高。叶绿色，日照充足时比较紧凑，但色调会暗一些。根系非常强大，群生后很密集，可选用较深较大点的花器。花茎从中心伸出，开很小的白色花，如不喜欢可直接剪掉。除夏季高温时控制浇水外，几乎没有太多要注意的，是比较强健的品种。

适合与其他同种类组合，由于习性较强健，也可尝试与不同科属的多肉混植，比如与景天科多肉混植，以绿色调加入其中。单盆栽培也不错，不过没有太多亮点，效果会小于组合栽培。如有庭院，可以种在木桩里，放在较阴凉的地方，别具一格。

繁殖方式以分株为主，剪下侧芽插入土中即可。

Part3 100种常见多肉植物图谱 049

草玉露 cao yu lu

百合科 十二卷属

生长速度：一般
繁殖难度：较容易

春季	夏季
★★★☆☆	★★☆☆☆
秋季	冬季
★★★☆☆	★★☆☆☆

一种小型玉露，直径一般不会超过5厘米，很容易群生成一片。对阳光需求不多，日照过强会变成灰色，非常难看。在空气湿度较高、日照温和的环境，它会变得像绿宝石一般。初期根系粗壮短浅，健康的情况下根系会越来越多。土壤腐殖质太强会影响生根，这点从植株状态能看出来，如果褶皱不饱满，就要检查土壤配制了。

适合与其他玉露或同科属的多肉混植，体积较小的它可填补许多空隙，而生长速度又不是太快，可以保持造型长时间不变。

繁殖方式主要是分株，将小苗掰下插于泥炭土与颗粒的混合土中，很快就能生根。

大型玉露 da xing yu lu

百合科 十二卷属

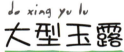

生长速度：一般
繁殖难度：一般

春季	夏季
★★☆☆☆	★★☆☆☆
秋季	冬季
★★★☆☆	★★☆☆☆

原生地位于南非，多数生长在石块与山脊后的背光地区。在玉露中属于体型较大的一类，叶片非常透彻。喜欢通风良好、干燥凉爽的环境。对日照需求很小，日照过多会使叶片变灰。在室内可放于纱窗与玻璃后，每日接受1~2小时的日照就足够了。温和的日照会使叶片饱满，有很强的通透感，像水晶一般。可经常喷雾增加空气湿度，冬季温度过低时也可闷养。

适合与同种类多肉组合，会占据大部分空间，成为主体部分。单棵栽培效果也不错，选择较大较深的花器，后期群生后非常漂亮。

繁殖方式以分株为主，比较容易。

姬玉露 *ji yu lu*

百合科 十二卷属

生长速度：较慢
繁殖难度：较难

春季 ★★★☆☆
夏季 ★★☆☆☆
秋季 ★★★☆☆
冬季 ★★☆☆☆

原生地位于南非，喜欢凉爽的半阴环境，增加空气湿度后非常透亮。对日照需求不太多，日照过长或者紫外线过强会失去原有的色彩，变得灰扑扑像没洗干净一样。根系粗壮，可选用较深的花器，土壤颗粒多一些。夏季高温休眠时要断水，适当喷水增加土壤湿度。

迷你可爱，适合迷你组合栽培。生长速度非常慢，与其他同种类多肉混植能常年保持一种形态。用白色陶瓷花器单独栽种有一种简单干净的感觉。

繁殖方式主要是分株，不过因其生长特别慢，繁殖起来也比较困难。

琉璃殿 *liu li dian*

百合科 十二卷属

生长速度：较慢
繁殖难度：一般

春季 ★★★★☆
夏季 ★★☆☆☆
秋季 ★★★★☆
冬季 ★★☆☆☆

原生地位于南非德兰士瓦省，喜欢生长于阳光斜射的背阴面。可半阴栽培，对日照需求不太多，可长期室内栽培。惧怕暴晒，喜欢温和的日照，可放置在纱窗与玻璃后每天接受2小时左右的日照。叶面容易沾灰，可经常喷水保持叶面整洁。根系非常强健，可选择较大较深的花器。春秋生长季节"喝水"特别厉害，可以增加浇水量；夏季高温时会休眠，要减少浇水量，延长浇水时间。生长速度非常慢，一年长不了多少。

适合与同类多肉组合，独特的叶片形状与长期不变的绿色能发挥不错的效果。也可单独栽培，叶片舒展开比较占面积，选择花盆时可多尝试对比，圆口型花器是不错的选择。

繁殖方式主要是分株，多年生老株会从叶片旁边长出小侧芽，剪下插入土中即可生根。

百合科 番杏科 景天科 菊科 萝藦科 马齿苋科 鸭跖草科

Part3 100种常见多肉植物图谱 051

水晶宝草
shui jing bao cao

百合科 十二卷属

生长速度：一般
繁殖难度：较容易

| 春季 ○○○○○ ★★★☆☆ | 夏季 ○○○○○ ☆☆☆☆☆ |
| 秋季 ○○○○○ ★★★☆☆ | 冬季 ○○○○○ ★★☆☆☆ |

也被称为"三角琉璃莲"，是一种比较喜欢半阴环境的多肉植物，叶片正常为绿色，且像水晶般透明。日照过多会使叶片转变为灰色，强烈的日照会将叶片晒红，有时甚至会直接将叶片破坏掉，栽培时最好放在玻璃后或者纱窗后接受少量的日照。不过，被晒红晒灰后再挪到阴凉处，不久又会变回绿色。夏季高温时明显休眠，一定要减少浇水或者直接断水，可以喷水度夏，也可以在夏季完全散光养护。根系比较强大，可以选用深一点的花盆。

十二卷一类的多肉植物都比较适合同种类组合栽培，与玉露、芦荟等搭配栽种都是非常不错的。自身生长速度也不算太快，并且品种习性相似，在后期养护方面也比较方便。

繁殖方式主要是分株，将主体植株周围新生出来的小芽分离开，单独栽种即可。生长季节会同时出现许多小芽，比较容易繁殖。

强烈的日照会将叶片晒红

条纹十二卷
tiao wen shi er juan

百合科 十二卷属

生长速度：较慢
繁殖难度：较容易

| 春季 ○○○ ★★★★☆ | 夏季 ●○○ ★★★☆☆ |
| 秋季 ●●○ ★★★★☆ | 冬季 ○○○ ★★☆☆☆ |

原生地位于非洲南部热带干旱地区，虽然原生地非常炎热干旱，但它实际是比较喜欢湿润的空气环境的。看起来很像芦荟，叶片上的白色条纹非常显眼。喜欢凉爽、通风良好的环境。夏季高温时会有短暂休眠，注意减少浇水量。根系比较健壮，很容易群生，可以选择较深较大的花器。春秋生长季节可以大量给水。叶片日常为绿色，日照过多、根系还没生长好的情况下很容易转变为灰色，看起来很不健康。在根系生长健壮后，日照充足、温差较大的春秋季节叶片还会转变为略带红色，在某些特殊地点甚至会整株完全变红。

适合各种组合栽培，自身叶片的特殊性可用来点缀或分割其他同种类多肉，使组盆效果更佳，层次感更强。生长速度不太快，利于长时间的组合造景。单盆种植效果也很好，选择圆口较深的花盆最好。

繁殖方式主要是分株，新芽会从植株主体旁边生出，掰下来插入土中等待生根即可，是比较容易繁殖的品种。

百合科 番杏科 景天科 菊科 萝藦科 马齿苋科 鸭跖草科

Part3 100种常见多肉植物图谱　053

卧牛
百合科 沙鱼掌属

生长速度：极慢
繁殖难度：较难

| 春季 ★★★☆☆ | 夏季 ★★★☆☆ |
| 秋季 ★★★☆☆ | 冬季 ★★☆☆☆ |

原生地位于南非开普省，外形看起来很像牛舌头，叶片上有许多白色凸状物。生长非常缓慢，一年仅能长出一点点。非常喜欢日照，多晒晒会使叶片肥厚饱满。也可半阴栽培，每天给足1~2小时日照也能健康生长。叶片肥厚，对水分需求不多，夏季高温时要减少浇水。根系比较粗壮，适合深一些的花盆。

可做小型盆栽，超慢的生长速度让卧牛看起来像是假的，搭配小摆件组合栽培效果非常不错。单独栽培比组合效果差许多。

繁殖方式以分株为主，多年生老株会从叶片侧面生出新的侧芽，剪下来插入土中等待生根即可，不太容易繁殖。

玉扇
百合科 十二卷属

生长速度：较慢
繁殖难度：一般

| 春季 ★★★☆☆ | 夏季 ★★☆☆☆ |
| 秋季 ★★★☆☆ | 冬季 ★★☆☆☆ |

原生地位于非洲南部，非常喜欢日照，日照充足时叶片饱满透亮。半阴也能生长得很好，稍给点日照就能很健康，习性强健。根系比较粗壮，可选较深的花器，土壤中可多增加些颗粒。与其他十二卷不同的是，日照时间过长叶片不但不会变灰，反而更加光鲜亮丽。不过夏季高温时会休眠，也要减少浇水。叶片常年绿色且透亮，叶片中心会开出小花，花朵非常小，开花很耗养分，不喜欢可直接剪掉。

适合与同类品种组合栽培，生长速度特别慢，组盆时可在固定的位置安置它。单独栽培也不错，叶片呈扇子状是它的特点，不论什么花盆都能凸显自身特色。

繁殖方式叶插与分株都可以，分株较容易成功。

子宝
zi bao

百合科 鲨鱼掌属

生长速度：较慢
繁殖难度：较容易

春季 ★★★☆☆
夏季 ★★☆☆☆
秋季 ★★★★☆
冬季 ★★☆☆☆

外形看起来非常像元宝，在花卉市场也比较常见，同种类还有锦斑变异品种，叶片中间会出现白色斑纹，是比较容易发生锦斑变异的品种。喜欢半阴的环境，对日照需求不是太多，过多的日照会使原本绿色的叶片颜色变得更深，后期还会变红，如想让叶片保持翠绿色，将其放在明亮光线处即可。夏季高温时会休眠，要减少浇水量，日常养护中比较喜欢湿度较大的空气，可以经常对植株喷雾或者喷水。在百合科里算是根系非常弱小的品种，可以使用矮一点的花器。

适合与同种类多肉植物混植栽培，生长速度比较慢，不会占据太多地方。特别容易群生，很适合在组合栽培中单独栽种于一个小片区，后期长出来的小苗出现锦斑化的几率较大，也给色彩上带来更多新鲜感。单独栽培效果比组合栽培稍差，不过由于不需要太多阳光，非常适合放置于室内栽培。

繁殖方式主要是分株，掰下一小棵插入土中，没多久就会生根，比较容易繁殖。

番杏科

bai feng ju
白凤菊

番杏科 覆盆花属

生长速度：一般
繁殖难度：一般

春季 ●●○○○	夏季 ●●○○○
★★★★☆	★★★★☆
秋季 ●●●○○	冬季 ●○○○○
★★★★☆	★★☆☆☆

原生地位于南非及美国部分沿海地区，特别喜欢温暖干燥、通风良好、日照充足的环境。叶片像鹿角一样，开红色花，枝干非常容易木质化。日照时间充足会使叶片饱满且紧凑。可半阴栽培，但时间过长会徒长得很厉害。夏季高温时要控制浇水，根据植株状态进行浇水。春秋生长季节，多年老株甚至可以3天浇水一次，"喝水"速度极快。移动时很容易伤到根系而死亡，应尽量减少移动次数。

适合单独栽培，枝干易木质化，便于单株塑型，修剪出自己想要的形态。与其他多肉混植时适合用稍大的花器，在大型露天庭院内使用非常不错。

繁殖方式主要是扦插，剪下一段插入土中即可生根，成功率因环境和季节而改变，不是太高。

碧玉莲
bi yu lian

番杏科 | 刺番杏属

生长速度：较慢
繁殖难度：一般

春季 ●●○○ ★★★★☆
夏季 ○○○○ ★★★☆☆
秋季 ●●○○ ★★★★☆
冬季 ●●○○ ★★★☆☆

一种叶片比较小型的番杏，非常容易被混淆为鹿角海棠一类。喜欢通风良好、凉爽干燥的环境，对日照的需求并不太多，夏季高温时要注意遮阴或者直接移到阴凉的位置。春秋生长季节"喝水"非常厉害，可以大量给水。生长速度相对较快，适合选择较大一点的花器。北方地区适合用陶瓷或塑料花盆，保水的环境可以使它更加健壮；相反，如果使用透气性较好的红陶盆，叶片经常会因为缺水而变得不够饱满。

适合与同种类的番杏组合栽培，也可以与一些景天科多肉混植在一起。比较容易群生，在组合时要单独预留一部分空间，或者用它来盖住一些空白位置。单独栽培也不错，碧玉莲自身出众的地方就是小巧可爱的叶片，单独栽培时更能凸显出自身特点，选择面积大一点的花器比较好。

繁殖方式以扦插为主，在春秋季节进行比较容易成功。

da hua kuai dao
大花快刀

番杏科 快刀乱麻属

生长速度：较慢
繁殖难度：较容易

春季	夏季
●○○	●○○
★★★★☆	★★★☆☆
秋季	冬季
●○○	●○○
★★★★☆	★★☆☆☆

原生地位于南非，像野草一样遍地生长。喜欢温柔不强烈的日照与通风干燥的环境，夏季高温时会减慢自身活动，进入休眠，要减少浇水量。春秋生长季节可以大量给水，繁殖季节开很大的黄色花朵。枝干很容易木质化，多年老株可以长成树状。缺水时会起褶皱并且变软，可以经常用手摸摸看是否需要浇水。

适合单独栽培，多年生老株可以借用枝干木质化优势制成盆景。也可与其他科属的多肉混植，虽然自身并不太出众，但绿色群生的效果也能在组合中占一席之地，开花时短时间绽放出惊人的效果。

繁殖方式主要是扦插，剪下一段插入土中就可以生根，比较容易成功。

kuai dao luan ma
快刀乱麻

番杏科 快刀乱麻属

生长速度：一般
繁殖难度：较容易

春季	夏季
●○○	●○○
★★★★☆	★★★☆☆
秋季	冬季
●○○	●○○
★★★★☆	★★☆☆☆

原生地位于南非的开普省等地区，叶片比较特殊，非常像鹿角。春季开黄色花，夏季与秋季花量明显减少。喜欢日照充足、通风良好的环境。多年老株在春秋生长季节可以大量浇水，缺水时叶片会变软起褶皱，一般浇水后第二天就会恢复饱满。常年绿色，几乎没有太大变化。夏季高温时休眠，减少浇水量并加强通风。

生长速度相对较快，不太适合迷你组合，并且鹿角状的叶片占据空间大，很容易挡住其他多肉。单独栽培不错，叶片非常特殊，春天开出大片黄花也比较惊艳。

繁殖方式以扦插为主，剪下一段插入土中即可生根，比较容易成功。

黄花照波
huang hua zhao bo

番杏科 照波属

生长速度：一般
繁殖难度：一般

春季	夏季
★★★★☆	★★☆☆☆
秋季	冬季
★★★★☆	★★☆☆☆

原生地位于南非南部及纳米比亚等地区，喜欢温柔的阳光和通风较好的环境。比较喜欢日照，夏季温度升高时要控制浇水量，非常容易因闷湿的环境而腐烂。多年生老株对水分需求较多，春秋生长季节可以大量浇水，缺水时叶片会变软并且起褶皱，这是植物给出的浇水信息。能开出成片的黄色花朵，非常漂亮，一般在春季开花较多，夏季与秋季开花量减少。日常叶片都为绿色，一年四季几乎没有太大变化。

比较适合与迷你型多肉植物混植组合，不过混植后期应控制好浇水量，管理上稍微麻烦些。自身全年几乎不变的形态与颜色，比较适合以小单位的方式存在于组合栽培之中，到开花季节大片开花时会非常壮观，立马变成组合盆栽中的亮点。

繁殖方式以分株为主，从老株上剪下一棵插入土中，一段时间后就可以生根。在春秋生长季节繁殖比较好，其他两个季节成功率不是太高。

- 百合科
- 番杏科
- 景天科
- 菊科
- 萝藦科
- 马齿苋科
- 鸭跖草科

Part3 100种常见多肉植物图谱　059

fang xiang bo
芳香波
番杏科 楠舟属

生长速度：较慢
繁殖难度：较难

春季	夏季
●●●○○	★★★☆☆
秋季	冬季
★★★☆☆	★★☆☆☆

原生地位于非洲南部地区，比较喜欢日照充足的环境，多肉中开花带香味的品种较少，它是其中之一。花香一点不腻人，非常清香，一个10平方米左右的卧室窗台摆上一小盆，花开时微风吹进来，整个屋子都会充满香味。夏季高温时会有短暂休眠，一定要减少浇水量，不然很容易腐烂。缺水时叶片会变软，起褶皱，这是植物给出的浇水信号。冬季温度过低时也会休眠，应注意保温并减少浇水。

除了春季开花时带来的香味外，其他时候基本保持一种绿色饱满的状态，是比较难搭配组合的品种。相对于其他多肉植物来说，单独栽培效果也不是太理想。不过多肉植物的神奇就在于每一个品种都有属于它的花器与天地，这就需要大家自己去发掘了。

繁殖方式主要是扦插，剪下一段插入土中，过一段时间就会生根，但这个过程比较慢。也可以采取播种的方式，不过比其他繁殖方式要难许多，初学者最好还是买成品苗。

鹿角海棠 *lu jiao hai tang*

番杏科 鹿角海棠属

生长速度：一般
繁殖难度：一般

春季	夏季
★★★☆☆	★★☆☆☆
秋季	冬季
★★★☆☆	★★☆☆☆

原生地位于南非，喜欢温和的日照，同类品种较多，叶片差别不大，容易混淆。春秋生长季对水分需求较多，可以大量浇水，也可根据状态浇水，叶片褶皱变软是浇水信号，看到后立即浇水，一般第二天就会恢复饱满。夏季高温时休眠，要减少浇水量。能开出粉色、白色与黄色花朵，颜色依品种而定。枝条容易拉长，呈吊兰状。

不太适合与其他迷你型多肉混植，其自身很容易长成吊兰状，且夏季高温时浇水的度难拿捏，最好单盆栽种。单盆栽种时也可选择吊盆，尝试垂吊的感觉。

繁殖方式主要是扦插，剪下一段插入土中即可生根，较容易繁殖。春秋比冬夏成功率高。

四海波 *si hai bo*

番杏科 肉黄菊属

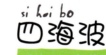

生长速度：一般
繁殖难度：一般

春季	夏季
★★★☆☆	★☆☆☆☆
秋季	冬季
★★★☆☆	★★☆☆☆

原生地位于南非大卡鲁高原的石灰岩地区，对水分非常敏感，夏季高温时处于深度休眠状态，一定要适当遮阴并断水，浇水稍多就会整株腐烂，可以改为喷雾或者在傍晚凉爽时喷水。春秋生长季喜欢日照，可以多晒。叶片本身肥厚，含有许多水分，不需浇水太多。黄色花较大，从春季开到秋季。日照充足的春秋季节，温差增大时也会略微变红。

不太适合与其他多肉组合栽培，因为管理非常麻烦，特别是炎热的夏季，稍不注意就会腐烂。不过叶片非常特殊，可适当与同种类多肉组合栽培。单盆栽培很不错，根系建壮后，爆发出一大盆是很漂亮的。

繁殖方式以分株为主，选在春秋季节比较好。

生石花

番杏科 | 生石花属

生长速度：极慢
繁殖难度：一般

春季 ★★★★☆
夏季 ★☆☆☆☆
秋季 ★★★★☆
冬季 ★☆☆☆☆

  原生地位于非洲南部及西南地区，常见于岩床缝隙、石砾之中。其形态与颜色的作用是模仿周围环境，让自己变得像石头一样，不会被动物吞食，大部分生石花也会根据周围环境而改变自身颜色。这个种族非常庞大，样式繁多，根据颜色、花纹、形态的不同，市场售价也有很大差异。喜欢温暖干燥、日照充足、通风良好的环境。春秋生长季节可以放在阳光最充足的南面，并且加大浇水量。夏季与冬季休眠，根据温度情况减少浇水或者直接断水。蜕皮时一定要断水，待彻底完成后再浇水。另外，生石花花色丰富，春季集体开花非常壮观！

  体型非常小，生长速度极慢，一年只能生长不到1厘米，并且长到一定大小后就不再变化了。适合与同种类的生石花组合栽培，结合石块与沙子的搭配，能种出一盆非常特殊的组合盆栽。也可与仙人掌仙人球一类习性类似的多肉组合栽培。与其他类别的多肉搭配效果不太好，特别是百合科的玉露、十二卷或景天科的。

  繁殖方式是分株与播种，目前最常见的是播种，虽然过程比较漫长，初期也比较困难，但摸索到正确方法后，可以一次性大量撒种，成功的几率还算比较高的（本页图片摄于国内某多肉大棚）。

五十铃玉
wu shi ling yu

番杏科 棒叶花属

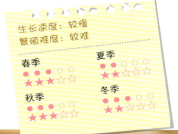

生长速度：较慢
繁殖难度：较难

春季 ○○○
★★★☆☆

夏季 ○○○
★★☆☆☆

秋季 ○○○
★★★☆☆

冬季 ○○○
★★☆☆☆

原生地位于南非与纳米比亚等地，对水分非常敏感，浇水稍多就会涝死，缺水时叶片也会褶皱，非常难把握。喜欢通风良好、温暖干燥的环境。对日照需求稍多一些，夏季高温时进入较长时间的休眠状态，这时候一定要注意断水，水分稍多一点点就会整株腐烂，可采取喷水来缓解。土壤中颗粒的比例稍多一些比较好，利于后期生长。叶片呈奇怪的球棒形状，春季开黄色花朵，集体开花时非常漂亮。

不太适合与其他多肉组合栽培，因其自身习性比较特殊，非常不容易管理。不过也可以尝试与习性类似的番杏科植物混植搭配，管理上会方便许多。单盆栽培是不错的选择，使用红陶花盆与陶瓷花盆都不错，底部一定要有孔。

繁殖方式以分株为主，从叶片中分下几棵，单独种在育苗盆中即可，不太容易繁殖。也可以采取播种的方式，一次大量播下，不过后期养护比较难把握，大部分幼苗都是死在后期养护中的。

景天科

ji long yue
姬胧月

景天科　风车草属

生长速度：较快	
繁殖难度：极容易	
春季 ★★★★☆	夏季 ★★☆☆☆
秋季 ★★★★☆	冬季 ★★☆☆☆

个头较小，比较像石莲花，正常时为绿色，春秋季节日照充足会整株变红。夏季温度过高时会有短暂休眠，不过在北方地区基本不休眠，属全年生长的类型。怕土壤积水，过多水分蒸发不掉会从底部开始腐烂。晒红后的叶片像红宝石一样，非常可爱。

繁殖速度超快，特别是叶插，成功率几乎可达100%，是新手叶插入门的首选品种。日照时间充足的情况下生长速度会减慢，并且红得非常艳丽，又因个头较小，很适合迷你类组合盆栽，应用范围非常广泛。也可以扦插，不过多年老株也别有一番情调，枝干木质化后可将底部叶片拔掉用于叶插，剩下的老株用于单株塑型。

ji qiu li
姬秋丽

景天科　风车草属

生长速度：较慢	
繁殖难度：极容易	
春季 ★★★★☆	夏季 ★★★☆☆
秋季 ★★★★☆	冬季 ★★☆☆☆

体型非常迷你，在景天科里也算叶片超级小的品种。喜欢日照充足、温暖且通风良好的环境。夏季温度过高会进入短暂休眠状态，可放在阴凉或散光处养护，减少浇水。春秋生长季节可以多浇水，增加日照时间，叶片会从绿色转变为粉色，是比较少见的粉色调系列。叶片很容易掉落，挪动时要特别小心，碰掉也不要丢弃，可以用来叶插。

适合各种迷你组合，小巧的身型和少有的粉色调在各种组合中都能成为亮点。单盆栽培也不错，群生起来后就是满满一大盆粉色的小萌物（本图摄于韩国某花市）。

虽然生长速度较慢，却很容易繁殖。叶插与扦插都可以，极易成功。

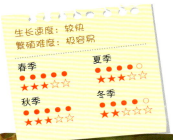

生长速度：较快
繁殖难度：极容易

春季	夏季
●●●●○	●●●●○
★★★☆☆	★★★☆☆
秋季	冬季
●●●●●	●●○○○
★★★★☆	★★☆☆☆

kuan ye bu si niao
宽叶不死鸟
景天科 伽蓝菜属

　　也常被称为"大叶落地生根"，原生地位于非洲马达加斯加岛。自身习性与名称差不多，完全死不了，如果放在院子里，稍不注意小苗就会侵占整个花园，生长与繁殖能力超强。几乎一年四季都在生长，冬季北方地区过冷需要注意保温。多年老株会长得非常大，很容易就达到1米高。同种类还有"棒叶不死鸟"，也被称为"细叶不死鸟"。

　　由于自身极强的繁殖能力与生长能力，组合栽培后很快就会霸占整个花器，非常不适合与其他的多肉混植在一起，最好是单独找一个较大的花器栽种。有的花友甚至会觉得这家伙生长能力有些过分了，索性直接丢掉。其实它小时候还是很可爱的，像小爪子一样。但长大后就变成"怪蜀黍"了，所以大家不要被它小时候的状态所迷惑。

　　繁殖方式很特殊，成年植株叶片的叶尖会生出许多小苗，小苗会因风吹、动物磕碰等原因掉落，掉落后就可以自行生根，生长能力极强。

qian tu er
千兔耳

景天科 伽蓝菜属

生长速度：一般
繁殖难度：较容易

春季	夏季
●●●●○ ★★☆☆	●●●○○ ★★★☆☆
秋季	冬季
●●●●● ★★★☆☆	●●○○○ ★★☆☆☆

原生于非洲马达加斯加岛，同种类还有"月兔耳"等，属于非常可爱的兔耳系列。叶片有细小的绒毛，摸起来很有手感，不过也容易沾上泥土，可用水将脏物喷掉。非常喜欢日照，日照充足的情况下叶片呈白色，缺少日照转变为绿色。属于"夏种型"，不过夏季高温时也需减少浇水量，几乎全年都在生长。不耐寒，冬季要保温，对水分需求也不多。

兔耳系列一直都是组合盆栽的主力队员，几种不同的兔耳种在一起，简直萌呆啦！叶插小苗也非常可爱，适合迷你组合。

繁殖方式叶插与扦插都可以，比较容易成功。枝干易木质化，可通过断水来塑型，一棵植株长有好几个兔耳也是非常可爱的。

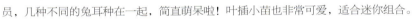

yue tu er
月兔耳

景天科 伽蓝菜属

生长速度：一般
繁殖难度：较容易

春季	夏季
●●●●● ★★★★☆	●●○○○ ★★★☆☆
秋季	冬季
●●●●● ★★★★☆	●●○○○ ★★☆☆☆

原生地位于马达加斯加岛及中美洲的干旱地区，非常喜欢干燥、温暖的环境。叶片像兔子耳朵一样，特别喜欢日照，阳光充足时叶尖会出现褐色斑纹。夏季也会一直生长，温度过高闷热时要多通风，减少浇水量。春秋季节增加日照时间，可以暴晒。缺少日照时叶片会变为绿色，并且往下翻，时间过长还会死亡。不耐寒，冬季要注意保温，不然很容易冻坏。叶片上的小绒毛很容易沾上灰尘，可用喷壶喷掉。

非常适合单种栽培，枝干容易木质化，呈树状，主干会生出许多新的分枝。也适合与其他绒毛系列的多肉组合，特别是熊童子、千兔耳、绒针等，种在一起会萌呆的。

繁殖方式叶插与扦插都可以，比较容易成功。

唐印 tang yin
景天科 | 伽蓝菜属

生长速度：一般
繁殖难度：一般

| 春季 ●●●○○ ★★★☆☆ | 夏季 ●●○○○ ★★☆☆☆ |
| 秋季 ●●●○○ ★★★☆☆ | 冬季 ●●○○○ ★★☆☆☆ |

原生地位于南非开普省东部与德兰士瓦省，有较好的通风环境，并且日照非常充足。喜欢干燥温暖的环境，叶片日常为绿色，日照充足并且在春秋季节温差较大时会转变为火红色。叶片上还有一层较厚的白色粉末，浇水时尽量避开。半阴环境也能健康生长，几乎没有明显的休眠期，一年四季都在生长，夏季温度过高时也应适当减少浇水量。根系并不是太强大，但是叶片非常大，可以选择较大而浅一些的花器栽种。

由于体型比较大，不太适合迷你组合盆栽，比较适合作为盆栽的中心点。自身的强适应性使它非常适合在庭院内生长，可以选择一个较大的花器，同时栽种数棵，当叶片都舒展开后也是非常壮观的，特别是日照充足时，叶片转变为火红色后，非常漂亮！

繁殖方式主要是扦插，直接剪下一段插入土中就可以生根，但成功率比其他多肉植物稍低一点。

dong mei ren
冬美人

景天科 厚叶草属

生长速度：一般
繁殖难度：一般

春季 ★★★☆☆　　夏季 ★★★☆☆
秋季 ★★★☆☆　　冬季 ★★☆☆☆

　　原生地位于墨西哥伊达尔戈州，虽然外形看起来与其他石莲花非常相似，但并不是同一类的。叶片大部分时间都呈蓝白色，表面有很厚一层白色粉末，日照充足且春秋季节温差较大的时候，叶片会转变为粉色。比较喜欢日照，可以暴晒。夏季高温时有短暂休眠迹象，不过几乎全年都在生长。生长季节"喝水"比较厉害，生长速度也较快。

　　不太适合与迷你型多肉植物组合栽培，它的生长速度比其他同种类更快一些，并且个头也非常大，很容易就占据大部分地方。比较适合较大型的组合栽培，适合种于庭院、大型花槽等。单独栽培是不错的选择，可以选择大一点的容器，群生后效果非常好。

　　繁殖方式叶插与扦插都可以，较石莲花类难一点。

qian dai tian zhi song
千代田之松

景天科 厚叶草属

生长速度：较慢
繁殖难度：较容易

春季 ★★★☆☆　　夏季 ★★★☆☆
秋季 ★★★☆☆　　冬季 ★★☆☆☆

　　原生地位于墨西哥伊达尔戈州，是一种非常喜欢日照、叶片肥厚的多肉植物。叶片中储有大量水分，所以对水分需求稍小些。全年都在生长，夏季高温时稍减少浇水量即可，可粗放管理。叶片上的纹路是其本身自带的，比较特殊。可完全置于阳光下暴晒，生长比较缓慢，叶片很容易缀化。日照充足的春秋季节，温差较大时也会变红，不过条件比较苛刻。

　　适合与迷你多肉植物组合栽培，自身生长较缓慢并且叶片较小，很适合以点缀的方式加入到组合中去。是少有的叶片带纹路的多肉植物。单独栽培效果也不错，相比其他同种类出彩的地方稍少一些。

　　繁殖方式叶插与扦插都可以，叶插很容易群生，比较容易繁殖。

青星美人
qing xing mei ren

景天科 厚叶草属

生长速度：较慢
繁殖难度：较容易

春季	夏季
★★★☆☆	★★★☆☆
秋季	冬季
★★★☆☆	★★☆☆☆

非常抗晒的品种，即使在夏季也可以给予全日照管理，日照充分的情况下叶尖会变红。叶片肥厚储有大量水分，所以对水分需求并不是太多。生长呈向上趋势，枝干会越来越高。也能开花，花茎与花朵都比较大，开花会占用植株大部分养分，不喜欢看花可以直接将花茎剪掉。生长速度比较缓慢，几乎全年都在生长。

适合迷你多肉植物组合盆栽，生长比较缓慢，能保证组合盆栽长时间不变形，叶尖因日照变红后看起来也非常可爱，加上后期拔高生长的特点，不需要占用太多地方也会有很强烈的层次感。单独盆栽也是不错的选择，选择深一点的花盆栽培非常有感觉。

繁殖方式叶插与扦插都可以，叶插比较容易成功。

Part3 100种常见多肉植物图谱　069

星美人
xing mei ren

景天科 厚叶草属

生长速度：较慢
繁殖难度：一般

春季	夏季
★★★☆☆	★★★☆☆
秋季	冬季
★★★☆☆	★★☆☆☆

- 百合科
- 番杏科
- 景天科
- 菊科
- 萝藦科
- 马齿苋科
- 鸭跖草科

原生地位于墨西哥中部的圣路易斯波托西州，喜欢凉爽、通风良好且阳光充足的环境。是一种非常难得的白色调多肉植物，只要日照时间足够，会一直呈现抢眼的白色调。叶片非常肥厚，内部全是水分，所以不需要浇水太多。几乎全年生长，夏季高温时注意减少浇水量即可。也会开出漂亮的花朵，花茎都是白色调的。

生长速度非常缓慢，加上很正的白色调，很适合与其他多肉植物组合栽培，特别是与迷你类多肉搭配，常常能在组合中起到中心的作用。多年老株的枝干能够木质化，也很适合单棵单盆栽种，整体效果有时非常惊艳。

繁殖方式叶插与扦插都可以，一般以叶插为主，由于生长较慢，繁殖速度相对于其他多肉植物来说要慢一些。

chui pen cǎo
垂盆草

景天科 景天属

生长速度：极快
繁殖难度：极容易

春季	夏季
★★★★☆	★★★☆☆

秋季	冬季
★★★★☆	★★☆☆☆

在全世界大部分地区都能找到，国内南北地区都有发现，主要生长在山坡、岩缝、山沟、河边等处。现被广泛用于园林绿化，也可以用于屋顶绿化，在夏季能够降低屋内温度。可以直接栽种于庭院暴晒，夏季无休眠迹象。冬季温度过低会死亡，但是种子与根系会保存在土壤中，来年变暖后开始发芽重新生长。

主要采用扦插的方式繁殖，直接剪下一条插入土中即可存活。生长期非常明显，与一年生植物相似，自身繁殖速度也超快，不太适合小型盆栽组合。在日照充足的情况下会呈现出金黄色，就颜色而言是一种非常不错的多肉，可以作为地被植物用于庭院造景，也可使用一些大型吊盆，能完全发挥出自身的垂吊优势。

百合科
番杏科
景天科
菊科
萝藦科
马齿苋科
鸭跖草科

佛甲草
fo jiǎ cǎo
景天科 景天属

生长速度：极快
繁殖难度：极容易

春季 ★★★★★
夏季 ★★★★☆
秋季 ★★★★★
冬季 ★★☆☆☆

广泛分布于世界各地，国内也很常见，是目前国内地被绿化的主要绿植之一。原生在一些山坡或岩石上，适应性极强，对土壤没有要求，有不错的耐旱能力。几乎不用养护就能生长得非常好，可以全日照暴晒，日照时间增多会让其颜色转变为金黄色，非常漂亮。除了北方地区冬季过冷呈休眠状态外，南方地区几乎全年生长。

以扦插为主的繁殖方式，超快的繁殖速度，短时间内就能长成一大片。如果采用地栽，生长速度会更快，非常惊人。用于庭院地被非常不错，长成后不用修剪，虫害较少，并且株型与色彩都非常漂亮。同样适用于屋顶，铺在屋顶上几乎不用管理也能生长得很不错。不太适合小型组合盆栽，短时间内就会爆盆，掩盖其他多肉植物。

和二木一起玩多肉

薄雪万年草
bo xue wan nian cao
景天科 景天属

生长速度：极快
繁殖难度：极容易

春季	夏季
★★★★★	★★★☆☆
秋季	冬季
★★★★★	★★☆☆☆

也被称为"矾小松"、"中华景天"，分布于南欧至中亚地区，在国内南方地区也很常见，常被用于绿化地被，是一种生长迅速的多肉植物。几乎一直呈绿色，但是秋季温差增大时，在日照强烈的地区会转变为粉红色。水分充足时，生长速度会大大提高，但株型会稍差一点。适当地减少浇水、增加日照会让株型变得迷你可爱。因叶片较小，很容易被啃食，所以也是各种虫子的最爱。

由于生长迅速，非常容易长成一片，并且绿色调与其他多肉植物搭配起来非常好看，常被用于组合盆栽。但实际效果并没有想象中那么好，因为水分足够的情况下，生长过于迅速，很快就会挤爆花盆，并且盖住其他生长较慢的多肉植物。虽然初期效果不错，但是1~2个月后就得重新换盆了。断水或者减少浇水可以控制它的生长速度，但也只是暂时的。如果只追求短时间的组合造景，当然是首推啦。不过想追求长期性的固定造景，最好不要使用它。

繁殖方面主要是扦插，剪下一小丛直接将底部埋入土中，很快就能生根。爆盆的最佳方式就是多丛分散栽种，一个月内多给水，很快就会全部长满。

- 百合科
- 番杏科
- 景天科
- 菊科
- 萝藦科
- 马齿苋科
- 鸭跖草科

hong zhi yu
虹之玉
景天科 景天属

生长速度：较慢
繁殖难度：较容易

春季	夏季
●●●○○ ★★★☆☆	●●○○○ ★★☆☆☆
秋季	冬季
●●●○○ ★★★☆☆	●●○○○ ★★☆☆☆

原生地位于墨西哥，不过在韩国、日本都非常常见。特别是日本，其独特的气候条件可以使虹之玉转变为粉色。日照充足的情况下，春秋季节会从全绿色转变为全红色。夏季有短暂的休眠期，很容易因闷热潮湿的环境而腐烂，要减少浇水。

独特的造型与容易群生的习性，再加上绿变红的巨大反差，使得虹之玉成为多肉组合的首选之一。生长速度也不太快，很利于后期固定造型。较小的个头也适合迷你盆栽，也可以培养成多年老株，以垂吊的形式生长，会出现另一种园艺效果。

繁殖方式以叶插为主，也可以扦插，繁殖速度非常快，因其叶片较多，一次就可以叶插上百棵。

hong zhi yu jin
虹之玉锦
景天科 景天属

生长速度：较慢
繁殖难度：较容易

春季	夏季
●●●○○ ★★★☆☆	●●○○○ ★★☆☆☆
秋季	冬季
●●●○○ ★★★☆☆	●●○○○ ★★☆☆☆

为虹之玉的变异品种，叶片上带有白色锦斑，色调较虹之玉更温和，日照时间增多会变为粉红色。虽是变异品种，但也不能保证锦斑会一直存在，新生出的芽或者叶插苗可能会长成虹之玉，这是随机的，不可控。夏季同样会短暂休眠，特别怕高温闷湿的环境，要加大通风，适当遮阴。花器一定要带孔的，不能积水。

在组合栽培上与虹之玉差不多，适合各种迷你组合及普通造景搭配，不过目前价格较虹之玉高一些。因为叶片中加入了白色锦斑，但即使是绿色状态也非常漂亮。转变为粉红色后，可以代表粉色调元素加入组合盆栽中。

叶插与扦插都可以，比较容易繁殖。

huang li
黄丽
景天科 景天属

原生地位于墨西哥，在原生地有较强烈的日照，并且气候干燥。叶片原为绿色，经过日照后会转变为金黄色，日照时间足够长还会变为红色。没有明显的休眠期，几乎全年都在生长，夏季减少浇水即可。是最常见的多肉之一，很容易买到。

植株向上生长，过高后由于自身支撑力不足，会呈吊兰状，很适合垂吊。特别是多年老株，枝干木质化后将底部的叶片拔掉叶插，会从叶片掉落点生出新的生长点，长出新的分枝。生长速度不算太快，金黄的色调非常利于组合栽培，日照充足下生长速度会减缓，叶片更加饱满漂亮。

繁殖方式叶插与扦插都可以，都比较容易成功。

qian fo shou
千佛手
景天科 景天属

常被称为"菊丸"等，非常容易垂吊。夏季会有短暂的休眠期，要减少浇水，不然很容易腐烂。叶片日常都是绿色，春秋季日照充足时也会变红。对日照的需求较大，缺少日照时很容易滋生病害，叶片无缘无故地发黑掉落，重新挪回日照充足的地方会恢复生长。生长速度较快，很容易长成垂吊型。

叶插小苗比较适合与其他多肉组合栽培，但后期生长较快，容易变形，可通过修剪来改善。也适合单独栽种，一个挂盆可种上好几棵，养一段时间后就会垂吊到花盆外面来，常年不挪动甚至会长到几十厘米长。

繁殖方式叶插与扦插都可以，比较容易成功。

ji xing mei ren
姬星美人

景天科 景天属

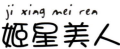

生长速度：极快
繁殖难度：极容易

春季 ★★★★☆
夏季 ★★☆☆☆
秋季 ★★★★☆
冬季 ★★☆☆☆

原生地位于西亚与北非的干旱地区，是一种可以用作地被的景天属多肉植物。正常为绿色，日照充分、温差较大的春秋季节叶片会略略变红。特别在韩国、日本等地，独特的气候条件会使得姬星美人叶片呈现出一种粉色，非常可爱，而并不是品种原因。夏季高温时会休眠，一定要注意减少浇水，不然非常容易腐烂。通风较好、凉爽干燥的环境比较适合生长。

常被用于迷你型组合盆栽，以一小丛的形态搭配于多肉组合之中会显得非常可爱。虽然生长速度较快，不过日照充分能够减慢生长速度，并使叶片紧凑漂亮。组合盆栽的时间也不一定能持续太长，栽培时可以尽量选择与较大型的多肉植物搭配，作为衬托主体的材料。

繁殖方式主要是扦插，剪下一小丛埋于土中就可以生根。虽然叶片很小，但是也可以叶插，不过叶插时太考验眼力了。

塔松 *ta song*

景天科 景天属

生长速度：较快
繁殖难度：较容易

春季 ●●●○○ ★★★☆☆
夏季 ●●○○○ ★★★☆☆
秋季 ●●●●○ ★★★★☆
冬季 ●●●●● ★★★☆☆

看起来有点像野草，不过栽种一段时间后就会发现它的美丽了。正常叶片呈绿色，日照充分时会转变为蓝白色，在春秋季节温差较大的时候还会变红。是一种生长比较迅速的景天属多肉植物，较容易被虫子盯上，特别在露养时，是蝴蝶产卵的首选之一。基本全年都在生长，非常喜欢日照，即使暴晒也不会有太大问题。强大的根系又可以缓解因积水而造成的腐烂，不过并不代表它能长时间泡在水中。

非常适合与其他多肉植物搭配，虽然生长比较迅速，但在日照充分的情况下会减缓生长速度，植株紧凑漂亮。作为点缀加入到多肉组合中是非常不错的，繁殖较快也可以提供大量素材。单盆栽种也是不错的选择，枝干多年后也会木质化，可以考虑单株塑型。

主要繁殖方式是扦插，剪下一丛插入土中即可生根，比较容易繁殖。

小球玫瑰
xiao qiu mei gui
景天科 景天属

也被称为"龙血景天",是一种非常可爱的景天属植物,日照充分的情况下适当减少浇水,叶片会卷起来像玫瑰一样,并且颜色也变得非常红艳。属于"冬种型"多肉植物,不过夏季几乎不休眠,同样可以持续生长,甚至可以直接置于日照下暴晒。根系非常强大,可以选择较大、较深的花盆,很快就会爆盆长满。

比较适合与一些较大型的多肉植物组合栽培,作为点缀搭配,自身的红色也是非常抢眼的,可以利用这点搭配一些单色调的多肉植物。单独栽培也是不错的选择,枝干会随着时间增长不断变长,还能从枝条上生长出新的分枝,可以用高脚盆一类的花器栽种。

繁殖方式主要是扦插,剪下一段插入土中即可存活,比较容易成功。

新玉缀 xin yu zhui
景天科 景天属

原生地位于墨西哥，非常喜欢凉爽干燥、通风良好的环境。也非常喜欢日照，充足的日照会让叶片变得肥厚饱满。生长速度在同种类里算慢的，不过在庞大的多肉家族里算比较快的了。呈枝条状生长，后期支撑不起来就开始下垂，适合垂吊。叶片几乎全年都保持绿色，虽然颜色不会改变，但形状迷你可爱。夏季高温时有短暂休眠，注意减少浇水量。

不太适合与其他多肉混植，因生长速度相对较快，并且垂吊生长，很容易破坏组盆效果。单独栽培效果异常地好，选择大一点的高脚盆，种上几棵，很快就长满一盆。

繁殖方式叶插与扦插都可以，如果想快速繁殖就用叶插，把叶片全部掰下来种在一个盆里，很快就会满满一盆了。

乙女心 yi nv xin
景天科 景天属

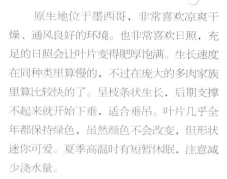

原生地位于墨西哥，在国内常被商家混淆为"八千代"出售，其实两者还是有区别的，真正的八千代目前比较少见。非常喜欢日照，喜欢通风良好、凉爽干燥的环境。夏季高温时需减少浇水量，叶片肥厚，对水分需求不太多。日照充足时叶尖会变红，在有些地方如日本，还会变为粉色。

个头较小，生长较慢，加上叶尖变色后非常漂亮，很适合与迷你型多肉组合栽培。单棵盆栽效果也很好，随着年头增长，枝干木质化部分越来越长，可以利用高脚盆种出特别的垂吊形态。

繁殖方式叶插与扦插都可以，比较容易成功。

黑法师
hei fa shi
景天科 莲花掌属

生长速度：较快
繁殖难度：较容易

春季 ★★★★☆
夏季 ★★★☆☆
秋季 ★★★★☆
冬季 ★★☆☆☆

原生地位于非洲西北部的加那利群岛，美国加州地区也有许多，并且都非常巨大，有的叶面展开甚至能和雨伞差不多大。属于"冬种型"，在原生地是非常喜欢日照的，不过多肉爱好者新买的大部分都是小苗，且在温室里培养长大，抵抗力与原生地差异很大。黑色的叶片在吸收太阳热量时比其他多肉更加出众，这也是许多花友买回家后晒了没两天就枯萎掉的主要原因。初期是不需要太多日照的，但是日照过少叶片会变为绿色，随着它越来越健壮，可以慢慢增加日照时间，最后再改为纯露养。夏季休眠非常明显，底部叶片干枯掉落，剩下的叶片包成玫瑰状。有向日葵一样的习性，叶片会随着日照改变方向，如果枝干弯曲，可以将花盆180度翻转，背向阳光，过一阵又会长直。

由于自身的黑色非常出众，在多肉中比较少见，再加上神秘的名字，很受欢迎。几乎适用于各种造景搭配，枝干容易木质化，且底部叶片脱落，形态十分像"椰树"。在许多庭院造景里都能遇到，室内小盆栽也不错，另外其自身有向上生长的习性，可使组合盆栽更具层次感。

繁殖方式主要是扦插，将新长出的枝干剪掉后直接插入土中即可生根，比较容易成功。

黑法师原始种

景天科 莲花掌属

生长速度：一般
繁殖难度：较容易

春季 ★★★★☆
夏季 ★★★☆☆
秋季 ★★★★☆
冬季 ★★☆☆☆

黑法师系列的品种非常多，国外已经有上百种多肉被列为黑法师一类，黑法师原始种是目前国内常见的几种黑法师之一。叶片较黑法师稍大，叶片中心有黑色条纹，增加日照时间并不能改变它的颜色，这是一种不会变黑的黑法师，但强烈的日照可使它变得像玫瑰一样漂亮。特别是夏季休眠期来临时，叶片会紧缩成小酒杯的样子，非常漂亮。

由于外形与黑法师相似，混合栽培时可与黑法师种在一起，产生强烈的色彩对比。单棵栽种也不错，利用其椰树状的形态，种在外形独特的花器中会有意想不到的效果（图中所示为半休眠状态）。

繁殖主要靠扦插，新的分枝会从叶片间长出，剪下一棵插在土壤中即可生根。

黑法师锦

景天科 莲花掌属

生长速度：稍慢
繁殖难度：较容易

春季 ★★★★☆
夏季 ★★★☆☆
秋季 ★★★★☆
冬季 ★★☆☆☆

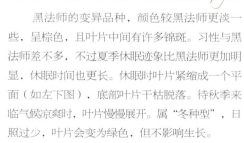

黑法师的变异品种，颜色较黑法师更淡一些，呈棕色，且叶片中间有许多锦斑。习性与黑法师差不多，不过夏季休眠迹象比黑法师更加明显，休眠时间也更长。休眠时叶片紧缩成一个平面（如左下图），底部叶片干枯脱落。待秋季来临气候凉爽时，叶片慢慢展开。属"冬种型"，日照过少，叶片会变为绿色，但不影响生长。

造景方面稍逊于黑法师，因为夏季休眠期过长，使得其长时间都保持卷叶状态，展现不出它原有的美丽。叶片比普通黑法师要大一些，组合栽培时需注意空间位置，大些的花器较好。

繁殖方式主要是扦插，剪下一小段新枝插入土中即可生根，繁殖速度稍慢一些。

爱染锦

景天科 莲花掌属

生长速度：较快
繁殖难度：较容易

春季 ★★★☆☆
夏季 ★★★☆☆
秋季 ★★★★☆
冬季 ★★☆☆☆

颜色如同名字一样美丽，绿色的叶片中间含有黄色的锦斑。锦斑可能会消失，也可能会完全锦斑化（全黄色），决定因素非常多，不可控。这是一种薄叶片的莲花掌属多肉植物，属于"冬种型"，夏季休眠非常明显，叶片会不停地干枯掉落，夏季温度过高时一定要增加通风，尽量保持一个通风凉爽的环境。

新的分枝会从已有叶片间长出，一边生长新叶，一边掉落底部干枯的老叶。枝干非常容易木质化，且生长速度较快，春秋季节特别明显。比较适合单独栽种，单盆造型是不错的选择。

繁殖方式主要是扦插，剪下一小棵插入土中即可生出根系，比较容易成功。

莲花掌

景天科 莲花掌属

生长速度：一般
繁殖难度：较容易

春季 ★★★★☆
夏季 ★★★☆☆
秋季 ★★★★☆
冬季 ★★☆☆☆

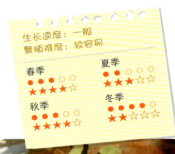

原生地位于地中海地区，在迷你多肉中算是巨无霸了，叶面直径最大可超过50厘米，在原生地长成雨伞那么大是很正常的。目前国内很少有较大型的莲花掌，一般在植物园见到的叶面直径也只有30厘米左右。非常耐晒且强健，夏季高温时会有短暂休眠，底部叶片会干枯脱落，属于正常现象。叶片日常为绿色，日照充足时叶边缘会变红，呈树状生长，枝干非常容易木质化。

完全不适合与其他迷你型多肉组合搭配，适合大型、粗犷的栽培方式，比如庭院栽培。因体型较大，可在庭院内地栽或种在较大的花盆里置于日照充足的角落。多棵种在一起效果也不错，用较大的花器种上一大片，非常壮观。

繁殖方式以扦插为主，多年生老株会从枝干上长出新的枝条，剪下后埋入土中即可生根，比较容易繁殖。

中斑莲花掌

zhong ban lian hua zhang

景天科 莲花掌属

生长速度：较快
繁殖难度：较容易

| 春季 ★★★★☆ | 夏季 ★★★☆☆ |
| 秋季 ★★★★☆ | 冬季 ★★☆☆☆ |

是莲花掌的锦斑变异品种，叶片上有非常独特的白色锦斑，还有一种黄色锦斑变异品种。习性与莲花掌差异不大，都是比较大型的品种，多年老株叶片可以长到很大。喜欢温暖干燥、通风良好的环境。属于多肉植物中的"冬种型"，夏季高温时会进入休眠期，底部叶片干枯脱落，比莲花掌更明显一些，要注意减少浇水，避免根部因环境闷湿而腐烂。生长多年的老株根系非常强大，春秋生长季节可以大量浇水。它是一种非常喜欢日照的莲花掌，适当增加日照时间会让叶片变得更加紧凑漂亮。

适合大型的户外造景，特别是庭院、露台等，利用一个墙角将各种莲花掌混植在一起会非常壮观，自身带有的白色锦斑也会使颜色更加丰富多彩。由于体型较大，不太适合迷你系列的组合栽培，单盆栽植效果相对于大型混植来说也稍差一些。单盆栽培时选择较高的高脚盆效果是不错的，特别是老株后期枝干木质化呈椰树状，搭配起来很漂亮。

繁殖方式主要是扦插，是不能叶插的品种。比较容易繁殖，剪下一棵幼苗插入土中即可生根。

小人祭
xiao ren ji
景天科 莲花掌属

生长速度：较快
繁殖难度：较容易

春季	夏季
★★★★☆	★★★☆☆
秋季	冬季
★★★★☆	★★☆☆☆

- 百合科
- 番杏科
- 景天科
- 菊科
- 萝摩科
- 马齿苋科
- 鸭跖草科

　　也被称为"日本小松"，属于叶片与体型都非常小巧可爱的莲花掌属多肉。正常为绿色，叶片中间有斑纹，日照时间充足并且在春秋季节大温差时叶片颜色会变深。在日本会因气候环境的不同、紫外线强度不同，而使叶片完全变成红色，非常漂亮。夏季高温时会有很明显的休眠现象，叶片呈包菜状紧闭（见下图），底部的叶片也会干枯脱落。叶片上有黏液，非常粘手，经常会粘住一些小飞虫与灰尘，可以使用喷壶将叶片表面的脏污喷掉。

　　比较适合单独栽种，与其他多肉植物混植也可以。不过由于自身生长速度稍快，枝干又呈树状生长，很容易就长成一大片遮盖住其他多肉植物。利用这一点可以对其进行单棵单盆的造景，效果非常不错。

　　繁殖方式以扦插为主，新的分枝会从叶片中间生长出来，剪下一小段插入土中即可，比较容易繁殖。

玉龙观音
yu long guan yin
景天科 莲花掌属

生长速度：较快
繁殖难度：较容易

| 春季 ★★★★☆ | 夏季 ★★★☆☆ |
| 秋季 ★★★★☆ | 冬季 ★★☆☆☆ |

莲花掌里的巨无霸，可以生长到非常大，叶片张开后甚至与雨伞差不多。叶片带有一股臭味，在日照充分的情况下，气味会更加明显。喜欢温暖干燥、通风良好的环境，夏季高温时有明显的休眠现象，底部叶片会干枯脱落。也可以半阴栽种，颜色常年为绿色，日照充分时叶片会紧缩成像玫瑰一样，非常漂亮。

由于生长较快并且后期个头太大，不太适合与其他迷你型多肉植物混植。倒是很适合庭院内的多肉植物造景，直接地栽效果很好！单独栽培是非常不错的选择，由于自身非常容易木质化，特别是日照充分的时候叶片会卷成玫瑰一样，选择较高的花盆，再配上一株树状玫瑰，堪称经典。

繁殖方式以扦插为主，剪下一棵分枝插入土中即可生根，比较容易成功。

百合科　番杏科　景天科　菊科　萝藦科　马齿苋科　鸭跖草科

Part3 100种常见多肉植物图谱　085

清盛锦
qing sheng jin

景天科 莲花掌属

生长速度：较快
繁殖难度：较容易

春季 ●●●○○　　夏季 ●●●○○
★★★★☆　　★★★☆☆

秋季 ●●●○○　　冬季 ●●●○○
★★★★☆　　★★☆☆☆

原生地位于大西洋加那利群岛，亚热带气候四季温度变化不大，降雨量小，非常适合多肉植物生长。充足的日照会使叶片从绿色转变为金黄色，春秋季节温差较大的时候会变为红色。生长比较迅速，生长期对水分需求量很大。夏季高温时期会休眠，底部叶片干枯脱落。枝干非常容易木质化，呈树状。根据不同的土壤，生长状态会有所差别，颗粒植料较少的土壤后期叶片会变得很大，相反叶片则会较小些。

比较适合粗犷型的组合盆栽，例如画框、花环等，与麻布、铁艺一类结合效果非常棒！也很适合用在ZAKKA风格（杂货风格）的庭院或者露台。不太适合迷你型组盆，因为自身生长速度较快，并且很容易树状木质化，很快就会将组合中的其他多肉植物遮挡住。

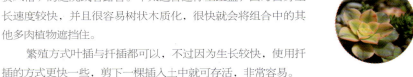

繁殖方式叶插与扦插都可以，不过因为生长较快，使用扦插的方式更快一些，剪下一棵插入土中就可存活，非常容易。

方鳞绿塔
fang lin lv ta

景天科 青锁龙属

生长速度：一般	
繁殖难度：一般	
春季 ●●○○○ ★★☆☆☆	夏季 ○○○○○ ★★☆☆☆
秋季 ●●●○○ ★★★☆☆	冬季 ●●●○○ ★★☆☆☆

宝塔状的多肉植物，是青锁龙属宝塔状叶片的代表。叶片大部分时间都是绿色，温差增大、日照充足时变红，某些地区甚至会整株变红。怕夏季闷湿的环境，夏季休眠明显，温度过高时一定要注意断水，增加通风，稍不注意就会腐烂。也可半阴养护，每天保持1小时日照即可，如果完全无光，缺少光线时间过长，叶片会拉长，徒长得很不像样。

独特的叶片很适合在组合盆栽中作点缀，不会占用太多空间，用来填补空隙特别好。单独栽种效果稍差，除非多年老株长成满满一大盆，单棵栽种很难出效果。

繁殖方式主要是扦插，剪下一段插入土中就可以生根，春秋季繁殖比较容易。

红稚儿
hong zhi er

景天科 青锁龙属

生长速度：较快	
繁殖难度：较容易	
春季 ●●●○○ ★★★★☆	夏季 ●●○○○ ★★☆☆☆
秋季 ●●●○○ ★★★★☆	冬季 ●●○○○ ★★☆☆☆

生长速度超快，生长期只要给足水分就会像野草一样，几乎全年都在生长。颜色反差巨大，日常为绿色，日照充足的春秋季节会整株变为火红色。植株被晒为火红色时开出白色小花，色彩对比非常强烈。夏季高温时要适当遮阴，并选择好浇水时间（夜晚浇水），夏季很容易因高温导致整株枯死，发现时不要犹豫，立即剪掉重新扦插还有机会挽回。

适合以点缀的方式加入组合盆栽，青锁龙系列的特点就是不占地方，加上它巨大的色彩变化，每一株都是个小亮点。单独栽培也不错，花器的色彩一定要与绿色和红色区别开，在变色时与花器形成巨大反差，会更加抢眼。

繁殖方式叶插与扦插都可以，比较容易繁殖。

黄金花月
huang jin hua yue
景天科 青锁龙属

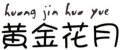

生长速度：一般
繁殖难度：较容易

春季 ★★★★☆
夏季 ★★★☆☆
秋季 ★★★★☆
冬季 ★★☆☆☆

- 百合科
- 番杏科
- 景天科
- 菊科
- 萝藦科
- 马齿苋科
- 鸭跖草科

　　原生地位于南非，是一种枝干非常容易木质化、并且呈树状生长的多肉植物，在非洲原生地常以高大的树状出现。喜欢较多的日照，几乎全年都在生长，夏季高温时适当减少浇水量即可。叶片正常为绿色，日照充足且温差较大的春秋季节会从叶边开始变红，最后整株转变为火红色。冬季给足最大的日照时间，也能让叶片变成金黄色。根系比较发达，可以选择较大较深的花器栽培，习性比较强健，几乎不需要太多管理。

　　非常适合单独栽培，由于自身后期会生长得非常大，占据大部分空间，所以不太适合与其他多肉植物组合迷你盆栽。单独栽培时可选择一个较大的花器，后期呈树状生长，日照充分时整株转变为红色，非常抢眼。南方地区冬季温度不低，也比较适合栽于庭院中。

　　繁殖方式以扦插为主，剪下一段插入土中即可生根，比较容易成功。

huo ji
火祭

景天科 青锁龙属

生长速度：较快	
繁殖难度：较容易	
春季 ●●●○○ ★★★☆☆	夏季 ●●○○○ ★☆☆☆☆
秋季 ●●●○○ ★★★☆☆	冬季 ●●○○○ ★★☆☆☆

与名字一样，在日照充分、温差较大的环境下会整株变为火红色，就像火焰在燃烧。正常情况下都是绿色，浇水过多生长速度会加快，非常容易长成"吊兰"，颜色也会红得慢一些。叶片形状正常为四角，也有突变为六角形的。夏季高温时休眠，底部叶片会干枯，枝干也会慢慢木质化，一定要注意减少浇水或者断水，不然很容易从底部枝干开始腐烂。缺少水分时叶片会变软，这是需要浇水的信息，不过也不要过量浇水。水分过多容易被霉菌寄生，所以通风一定要好，凉爽干燥的环境才是火祭最爱的。

由于本身火红的颜色非常抢眼，常被用于组合栽培，但是浇水过多后会生长得非常快，两个月就完全变成另一个模样，所以不太适用于迷你组合盆栽。整个植株往上生长，由于枝干支撑不了叶片的体重，后期必然会垂下来，可以利用这个特点制作一些火祭吊兰，再整株晒红，会非常漂亮的。

繁殖方式主要是扦插，叶插也是可以成功的，比较容易繁殖，直接剪掉一段插入土中就会生根。

钱串
qian chuan

景天科 青锁龙属

生长速度：一般
繁殖难度：较容易

| 春季 ★★★★☆ | 夏季 ★★☆☆☆ |
| 秋季 ★★★★☆ | 冬季 ★★☆☆☆ |

正确的中文名称是"星乙女"，不过已经普遍被大家叫作"钱串"了，是一种体型稍小的青锁龙属多肉。喜欢日照充足、干燥凉爽、通风良好的环境。属于"冬种型"多肉植物，夏季温度过高时会短暂休眠，需要减少浇水量，不然很容易腐烂。浇水过多、日照时间较少的情况下会徒长，叶片与枝干间拉长，很难看，也可以适当控制浇水量。日照时间充足还会让叶片颜色从绿色转变为红色。

这是比较特殊的多肉植物系列，适合迷你型组合盆栽，可以与较矮的多肉植物形成层次对比。单盆栽植也不错，时间长了会长成吊兰状，漂亮。在各种组合盆栽中都是非常常见的，生长速度不算太快，也适合长时间定型的组合。

繁殖方式以扦插为主，剪下一段插入土中即可生根，比较容易成功。

十字星锦
shi zi xing jin
景天科 青锁龙属

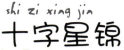

生长速度：较慢
繁殖难度：一般

春季 ★★★☆☆	夏季 ★★★☆☆
秋季 ★★★☆☆	冬季 ★★☆☆☆

百合科
番杏科
景天科
菊科
萝藦科
马齿苋科
鸭跖草科

是"星乙女"的变异品种，也被称为"星乙女锦"。叶片上的白色锦斑非常漂亮，即使呈绿色也非常独特，日照时间充足叶片还会转变为红色。夏季高温时会有短暂休眠，需注意浇水，最好是栽种在一些透气性较好的花器中，避免因温度过高而闷死腐烂。属于"冬种型"多肉植物，耐半阴，不过日照过少会徒长，使叶片与枝干间距拉长，所以最好还是每天保持数小时的日照时间。

带锦斑类的多肉植物一直都是受保护的重点，因为这种变异现象出现后，植物自身抵抗力会减弱很多，相对于原品种的多肉植物更容易死掉，不太适合与其他多肉植物组合栽培。不过这并不代表就完全不能，十字星锦特有的颜色与向上生长的方式，也是一种不错的搭配。日照充分的情况下还会抑制生长速度，色彩也会变得很显眼。

繁殖方式主要是扦插，剪下一段插入土中就可以生根，成功率稍低于其他品种的青锁龙。

xing wang zi
星王子
景天科 青锁龙属

生长速度：一般
繁殖难度：较容易

春季	夏季
●●●○○	●●●○○
★★★☆☆	★★★☆☆
秋季	冬季
●●●●○	●●○○○
★★★☆☆	★★☆☆☆

经常被误认为是"钱串"，但实际叶片与个头要比钱串大许多，同种类还有好几种，比较容易混淆。喜欢通风良好、日照充足、干燥温暖的环境。夏季高温时有明显的休眠迹象，一定要注意减少浇水量，很容易因高温闷湿而导致腐烂，也要适当遮荫，属于"冬种型"多肉植物。日照过少也不太好，叶片与枝干会徒长，松散得非常厉害。多年生老株还会从叶片中心开出花束，非常漂亮。

适合单独栽培，多棵星王子一同种在高脚盆里，效果会非常不错。日照充分的情况下会减缓生长速度，使叶片变得紧凑，也可以与其他多肉植物搭配栽种。庭院中也可以种植在石器、枯木等自然花器之中。

繁殖方式主要是扦插，剪下一段插入土中即可生根，较容易成功。

若绿
ruo lv

景天科 青锁龙属

生长速度：较快
繁殖难度：较容易

| 春季 ●●○○○ ★★★★☆ | 夏季 ●○○○○ ★★★☆☆ |
| 秋季 ●●●○○ ★★★★☆ | 冬季 ●○○○○ ★★☆☆☆ |

一种非常迷你的青锁龙，叶片很小，生长速度却异常的快，适应性在同种类中算比较强健的，很容易栽培。喜欢少量日照、通风良好的环境。夏季高温时适当减少浇水即可，春秋生长季节会疯狂地生长，可以大量给水。虽然一开始比较少，但发展起来后很快就会变为一大丛。日照充分、温差较大的环境下，顶部叶片会略微变红，其他大部分时间叶片都呈绿色。

适合一些中型的组合栽培，特别是栽培在组合的空白处，后期生长起来会遮住空白点，一大丛的形态存在于组合中也非常漂亮。迷你组合栽培也不错，由于自身繁殖性特别好，很容易分为小丛加入其中。单盆栽种效果略逊于组合，不过选择好合适的花器后也会很漂亮。

繁殖方式以扦插为主，非常容易成功，剪下一小段插入土中即可生根，最好选择春秋生长季节繁殖。

百合科 · 番杏科 · 景天科 · 菊科 · 萝藦科 · 马齿苋科 · 鸭跖草科

Part3 100种常见多肉植物图谱

rong zhen
绒针
景天科 青锁龙属

生长速度：一般
繁殖难度：较容易

春季	夏季
●●●○○	●●○○○
★★★★☆	★★★☆☆
秋季	冬季
●●●●○	●●○○○
★★★★☆	★★☆☆☆

少有的带绒毛的青锁龙属多肉，同其他有绒毛的多肉植物一样，非常抗晒，天天放在烈日下暴晒也没问题。夏季高温时有明显的休眠症状，要特别注意控制浇水量，不然很容易腐烂。正常叶片是绿色的，春秋季节温差增大后加上日照充足，叶片颜色会完全变红。几乎没有什么虫害，也许是昆虫们都不太喜欢有绒毛的植物。不耐寒，冬季要注意保暖。

非常适合迷你组合盆栽，可以充当小草的角色，衬托花朵的美丽。也可以用于分割造景区域，有不错的效果。自身生长速度不算太快，并且日照充足时叶片会变得非常紧凑。在普通的组合盆栽里加入一点点绒针，常常会有意想不到的效果出现，特别是变红后，很惊艳。

繁殖方式叶插扦插都可以，比较容易繁殖，特别是叶插。

- 百合科
- 番杏科
- 景天科
- 菊科
- 萝藦科
- 马齿苋科
- 鸭跖草科

天狗之舞
tian gou zhi wu
景天科 青锁龙属

生长速度：较快	
繁殖难度：较容易	
春季 ★★★★☆	夏季 ★★★☆☆
秋季 ★★★★★	冬季 ★★☆☆☆

生长非常迅速的青锁龙，夏季高温时有短暂休眠，要注意减少浇水量，不然很容易腐烂。春秋生长季节可以大量给水，最好选择比较保水的花器，红陶类花器水分挥发太快，加上较多的日照，植株很容易直接被烤干。也可半阴栽培，每天给足1~2小时日照就能健康生长。日照充足时叶边会变为红色，秋季甚至会整株变为火红色。底部枝干很容易木质化，同时也容易烂根，如果发现底部干枯或者腐烂，不要犹豫，立即剪掉重新扦插即可。

由于生长速度较快，比较适合中型组合栽培。花篮、藤框、铁艺等都是不错的花器选择。生长呈拔高趋势，所以混植时的选择较多：可以选择种在最前沿，后期转变为垂吊养护；也可以种在最靠后的区域，拔高生长作为花墙，抬高整体层次感；还可以以小丛为单位种在中间部分。单盆栽植效果也不错，后期老株木质化后单独塑型会非常漂亮。

繁殖方式主要是扦插，是比较容易繁殖的品种。

Part3 100种常见多肉植物图谱

筒叶花月
tong ye huo yue

景天科 青锁龙属

生长速度：一般
繁殖难度：较容易

春季 ★★★★☆　夏季 ★★★☆☆
秋季 ★★★★☆　冬季 ★★☆☆☆

　　原生地位于南非纳塔尔省，是一种非常强健的多肉植物，国内常见于普通迷你盆栽，偶尔也能在大型花圃里碰见稍大些的盆栽，不过在原生地常常以高大的树状出现。枝干非常容易木质化，特别容易群生。基本全年都在生长，可以放置在露天环境中暴晒。充足的日照与春秋季节的温差会使原本绿色的叶片转变为金黄色，再变为红色，非常漂亮！叶片独特的形状也很有意思，看起来像竹竿。

　　由于叶片形状比较特殊，有时很难与其他多肉植物进行搭配，不过日照充足的筒叶花月会变为金黄色，这种色调非常难得，是组合盆栽中不可缺少的部分。生长速度不算太快，也比较适合较小型的组合。

　　繁殖方式主要是扦插，剪下一段插入土中即可扦插，较容易成功，也可以叶插。

若歌诗 ruo ge shi

景天科 青锁龙属

生长速度：较快
繁殖难度：较容易

春季	夏季
●●○○○ ★★★☆☆	●●●○○ ★★★☆☆
秋季	冬季
●●●○○ ★★★★☆	●○○○○ ★★☆☆☆

原生地位于非洲南部及南非地区，喜欢温柔的日照和通风较好的环境，通风不畅易引发霉菌感染等病害。夏季高温时有短暂休眠，一定要减少浇水量，底部叶片会有干枯现象，属正常情况，闷湿的环境特别容易引起腐烂。叶片上有很小的绒毛，叶片大部分时间为绿色，春秋生长季日照充足时叶边会变红，部分地区还会整株转变为粉红色。冬季不抗冻，要注意保温。

适合各种迷你组合栽培，种植在一些空白区域，根系长好后很快就会填补这块区域。常以一小丛为单位加入到组合中，与各种石莲搭配也不错。也可单独栽培，特别是老桩枝干易木质化，底部叶片脱落后形成独特的造型，搭配高脚盆效果很棒。

繁殖方式叶插与扦插都可以，扦插相对来说更容易。

神童 shen tong

景天科 青锁龙属

生长速度：较慢
繁殖难度：一般

春季	夏季
●●○○○ ★★★☆☆	●●●○○ ★★★☆☆
秋季	冬季
●●●●○ ★★★★☆	●●○○○ ★★☆☆☆

属于稍大型的青锁龙，喜欢空气流通较好、干燥温暖的环境。日照充分的情况下叶片非常紧凑，呈宝塔状。日照过少会严重徒长，叶片与枝干间距拉大，非常难看。夏季基本都能持续生长，不过温度过高时也会休眠，一定要减少浇水，不然很容易腐烂。冬季不抗冻，也需注意保暖。叶片常年为绿色，能从植株顶部开出非常艳丽的红色花朵，并且呈大片地开。

比较适合高低错落、有层次感的组合栽培，自身呈宝塔状往上生长，个头会越来越高，并且不会往周边生长，在组合栽培中是不错的选择。常年不变的绿色，也能作为绿色调加入组合中，开花后亮丽的色彩也非常抢眼。

繁殖方式主要是扦插，剪下一段后插入土中就可以生根，比较容易。

bai feng
白凤

景天科 石莲花属

生长速度：一般	
繁殖难度：一般	
春季 ★★★☆☆	夏季 ★★★☆☆
秋季 ★★★☆☆	冬季 ★★☆☆☆

虽然名字里带有一个白字，但实际却能被晒得非常红艳。一般来说，白凤变色不会太厉害，想达到这样的红色就需要巨大的温差与暴晒，并适当减少浇水。属于体型较大的石莲花，叶面直径很容易就达到15厘米以上。叶片非常肥厚，并有一层较厚的白色粉末，这层粉末能阻挡部分紫外线，完全可以接受暴晒而不用担心被灼伤。

生长速度一般，没有太明显的休眠期。比较适用于组合搭配，由于体型较大，一定要提前想好位置，避免后期叶片展开形成挤压状态。

繁殖方式主要依靠叶插，多年老桩可以剪掉扦插。能开出漂亮的花朵，花朵上的叶片也可以叶插，繁殖速度较慢。

bai mu dan
白牡丹

景天科 石莲花属

生长速度：一般	
繁殖难度：极容易	
春季 ★★★★☆	夏季 ★★★☆☆
秋季 ★★★☆☆	冬季 ★★☆☆☆

大部分时间都呈白色，也会因环境气候因素转变为淡粉色。几乎全年都在生长，没有太明显的休眠期，冬季需要的阳光稍多一点。虽然普通，却不失美丽，不要因它便宜就看低它，这绝对是一款值得栽培的多肉。

生长点在叶片中心，呈现一种向上生长的形态，常年不挪动可以长成吊兰状，但必须依靠断水的方式使枝干木质化后才可行，不然容易折断。

单株适合用于各种组合栽培，白色调又是搭配的主要选择之一，在日照充分的情况下生长速度较慢，能保证造型长时间不变。

叶插与扦插都非常容易，并且叶片较多，叶插非常容易成功，一年就可以繁殖出一大片，尤其适合新手。

da he jin
大和锦
景天科 石莲花属

生长速度：极慢
繁殖难度：较难

| 春季 ★★★☆☆ | 夏季 ★★★★○ |
| 秋季 ★★★★★ | 冬季 ★★☆☆☆ |

石莲花中生长及变化最小的一个品种，生长非常缓慢，叶片颜色变化也不是太大。喜欢多日照、干燥的环境，可以接受全日照和暴晒，日照充足的春秋季节会略微变为金黄色，不过变化非常小。夏季高温时要特别注意减少浇水，由于自身叶片很厚，储水能力在多肉中也是比较厉害的，并不需要浇水太多。能开出一串像灯笼一样的花朵，非常漂亮，生长健壮的植株可同时长出2~3条甚至更多的花茎。

很适合与其他多肉组合栽培，1~2年都不会有太大变化，不过自身颜色并不是太出众，一般作为深色调加入到组合中。单棵盆栽也不错，培养多年使老桩木质化非常难得。

繁殖方式以叶插为主，不太容易成功。

xiao he jin
小和锦
景天科 石莲花属

生长速度：极慢
繁殖难度：一般

| 春季 ★★★★☆ | 夏季 ★★★☆○○ |
| 秋季 ★★★☆☆ | 冬季 ★★☆☆☆ |

生长速度超级慢，与大和锦差不多，1~2年也长不了多少，是大和锦的杂交品种。叶片正面为绿色，日照充足时，背面与叶边会转红。非常喜欢日照，可以全日照养护，也不需要太多水分。即使出差一个月不管理也不会死掉，是非常强健的品种。与大和锦一样，会开出很长一串像灯笼一样的花朵，非常好看。

适合迷你型的多肉组合，自身变化很小，色调稍显暗，虽然色调会输给许多同类石莲花，但长时间不变的体型与叶片色彩是大多数石莲花所不具备的。单盆栽培也不错，根系不算太强大，可选择较小的花器。

繁殖方式以扦插与叶插为主，叶插相对来说较容易。

芙蓉雪莲
fu rong xue lian
景天科 石莲花属

生长速度：较慢
繁殖难度：稍难

春季 ★★★☆☆
夏季 ★★☆☆☆
秋季 ★★★☆☆
冬季 ★★☆☆☆

- 百合科
- 番杏科
- 景天科
- 菊科
- 萝藦科
- 马齿苋科
- 鸭跖草科

　　是由"雪莲"杂交而来的品种，色彩上继承了雪莲的白色，但在日照充足、温差较大的情况也会整株转变为粉红色。会开出非常漂亮的花朵，并且带有很长的花茎。营养充足、植株健康的情况下经常同时从叶片间生出4~5枝甚至更多的花茎，非常壮观！叶片会因日照时间增多、水分减少而变得紧凑，所以需要适当控制浇水量。最底部的叶片干枯脱落为正常现象，特别是新种上不久的小苗，底部叶片很容易腐化，都是正常现象。

　　生长速度较慢，但是体型却非常庞大，适合面积较大的造景，也可栽种在假山、枯木桩、花篮等花器上。

　　繁殖方式主要是叶插，多年老株也可以扦插。叶插成功率比其他石莲花稍低一些，因此价格也稍高于其他普通种类的石莲花，当然，比起正版"雪莲"来说，价格还是便宜多了，很值得入手。

黑王子
hei wang zi
景天科 石莲花属

生长速度：一般
繁殖难度：较容易

春季	夏季
★★★★☆	★★★☆☆
秋季	冬季
★★★★☆	★★☆☆☆

如同名字一样，日照时间增多后会从绿色转变为黑色，是仅有的几种呈黑色的多肉植物之一。虽然自身颜色较深，在吸收热量方面强于其他多肉植物，却非常喜欢晒太阳。夏季疑似有短暂休眠，在北方地区夏季基本不休眠。根系非常强大，可以考虑使用较深些的花器。开花也相当惊艳，会长出很长的花茎，有时甚至能达到30厘米，开出大片的红色花朵。

少有的黑色加上石莲花属生长缓慢的特点，让黑王子成为组合盆栽必选品种之一。特别是依靠叶插繁殖后容易群生的黑王子，看起来非常壮观，与白色的白牡丹搭配，强烈的对比会出现惊人的效果。

繁殖方式叶插与扦插都可以，叶插相当容易，叶片数量也很丰富，花茎上的小叶片都可以用来叶插。只需要一年时间就可以1变50甚至100。

百合科
番杏科
景天科
菊科
萝藦科
马齿苋科
鸭跖草科

红粉台阁
hong fen tai ge
景天科 石莲花属

生长速度：较慢
繁殖难度：稍难

| 春季 ★★☆☆ | 夏季 ★★☆☆○○ |
| 秋季 ★★★☆☆ | 冬季 ★★☆☆☆ |

是一种非常巨大的石莲花，叶面直径可长至25厘米以上。叶片看起来与"玉蝶"相似，但是增加日照时间会变为粉红色。夏季短暂休眠，最底部的叶片会干枯脱落。能长出许多花茎，开粉红色花朵，属于较标准的石莲花花朵。叶面有一层薄薄的白色粉末，浇水时要避免浇到叶片中心，如果不小心有水珠囤积在叶片中心，要及时吹掉或者用纸巾吸掉。

较大的体型不适用于迷你型的组合栽培，比较适合大型造景、庭院、沙漠造景等。不过可以培养老株，使枝干木质化，后期单株塑造栽培也是不错的。

繁殖方面以叶插为主，老株也可以剪下来扦插，花茎上的叶片同样可以掰下来叶插，千万别浪费了。

红稚莲
hong zhi lian
景天科 石莲花属

生长速度：较快
繁殖难度：较容易

| 春季 ●●●○○ ★★★★☆ | 夏季 ●●○○○ ★★★☆☆ |
| 秋季 ●●●○○ ★★★★☆ | 冬季 ●○○○○ ★★☆☆☆ |

属于石莲花中较容易垂吊的品种，很适合垂吊栽培。非常喜欢日照，即使在夏季暴晒也没有太大问题。可全年生长的品种，生长速度在石莲花中算超快的，只要在生长季节给足水分就会疯长起来。大部分时间叶片都是绿色，日照充足的春秋季节温差巨大时也会整株转变为火红色。多年老株枝干会越来越长，并且底部的叶片也会慢慢干枯脱落，属于正常现象。

适合垂吊栽培，单独栽培是不错的选择，选择高一点的花器，后期生长健壮转变为吊兰状会非常漂亮。组合栽培也是不错的选择，因为生长速度较快，选择大一些的花器比较好，还可直接栽种于庭院与露台里，在最靠前的位置以垂吊形式生长。

繁殖方式叶插与扦插都可以，扦插相对来说更容易些。

Part3 100种常见多肉植物图谱

花月夜
huā yuè yè
景天科 石莲花属

生长速度：较慢
繁殖难度：较容易

春季	夏季
★★★☆☆	★★☆☆☆
秋季	冬季
★★★☆☆	★★☆☆☆

在石莲花中色彩算比较艳丽的，缺少日照会变为绿色，并且徒长，叶片往下翻。想让它变得更美丽就一定要增加日照时间，把南面阳台光线最好的位置让给它，叶边变红后会非常美丽。几乎全年都在生长，没有明显的休眠期，不过夏季也应尽量少浇水，避免造成闷热湿润的环境。叶片上有一层薄薄的白色粉末，浇水时要避免浇到叶片中心。

拥有与名字一样美丽的色彩，非常适合各种组合盆栽，也是一种百搭型的多肉植物。叶边变红后在逆光下非常出众，生长也比较缓慢，日照充足的情况下叶片会变得很紧凑，不会占用太多地方。常在组合栽培中起到点睛作用，可作为中心点来搭配。

繁殖方式主要靠叶插，比较容易成功，扦插也可以，不过老桩木质化过程比较缓慢。

ji wa lian
吉娃莲
景天科 石莲花属

生长速度：较慢
繁殖难度：一般

春季	夏季
★★★☆☆	★★☆☆☆
秋季	冬季
★★★☆☆	★★☆☆☆

原生地位于墨西哥，生长在空气流通较好、日照充分的山坡上。是一种非常喜欢日照的多肉植物，缺少日照叶片会变成绿色，并且往下塌，非常难看。足够的日照时间会让叶尖变为红色，这也是与"花月夜"（叶边变红）的区别之一。几乎没有休眠期，仅夏季高温时需要注意减少浇水量，积水过多容易腐烂。属于石莲花中的中型体积多肉，不过生长速度比较慢。

非常适合迷你组合盆栽，日照充足时叶片会卷得很紧，非常可爱，也不太占地。颜色上也属于百搭型，怎么种都好看，体型大一些的可以用作枯木、庭院等搭配。虫害非常少，偶尔会遇见介壳虫，直接拿掉就可以了。

繁殖方式叶插与扦插都可以，不过由于生长缓慢，叶插是比较普遍的繁殖方式。

lu shi shi lian hua
鲁氏石莲花
景天科 石莲花属

生长速度：一般
繁殖难度：一般

春季	夏季
★★★☆☆	★★☆☆☆
秋季	冬季
★★★☆☆	★★☆☆☆

原生地位于墨西哥，是一种非常漂亮的白色石莲花。日照时间充分会让叶片变得非常饱满，缺少光线时间过长叶片会转为绿色，所以一定要多晒。夏季高温有短暂的休眠期，要减少浇水。叶片有一层很厚的白色粉末，浇水时要避开叶片中心。也能开出非常艳丽的花朵，花茎很长，属于标准粉色调的石莲花花朵。

自身的白色调非常出众，属于中型石莲花，多年老株生长得比较大，很适合庭院造景。搭配枯木、石材花器等都非常不错。多年老株枝干会木质化，同样可以选择高脚盆单独栽种，也会体现一种不同的美感。

繁殖方式主要是叶插，也可以扦插，多年老桩的枝干很容易生出新的小苗，生长到一定大小后可以剪掉单独扦插，也可以用来与其他多肉植物进行迷你组合搭配。

锦晃星
jin huang xing

景天科 石莲花属

生长速度：一般
繁殖难度：较容易

春季 ★★★☆☆
夏季 ★★★☆☆
秋季 ★★★★☆
冬季 ★★☆☆☆

在石莲花里属于较少的带绒毛系列，所以在挪动、换土、浇水时尽量避免直接与叶片接触，特别是土壤，接触叶片后很难清洗。根据经验，只要是带绒毛的多肉植物，对紫外线的抵抗力都超强，所以直接放养，随便暴晒也没事。夏季高温时会有短时间的休眠，底部叶片会干枯脱落，要注意减少浇水量。能开出非常漂亮的红色花朵，花朵颜色在石莲花中属于比较艳丽漂亮的（摄于韩国某花市）。

与石材一类的花器搭配效果非常不错，另外自身特别容易拔高生长的特性有利于独特的造型，单盆栽种效果也很好。可以按照自己喜欢的风格修剪，是一种非常容易塑型的多肉植物。

繁殖方式叶插与扦插都可以，比较容易成功。开花花茎上的小叶片也可以掰下来用于叶插。

锦司晃
jin si huang

景天科 石莲花属

生长速度：较慢
繁殖难度：较难

春季 ★★★★☆
夏季 ★★★☆☆
秋季 ★★★★☆
冬季 ★★☆☆☆

原生地位于墨西哥，喜欢日照充足、干燥、空气流通较好的环境。与锦晃星类似，但叶片要厚很多，茎部的生长速度没有锦晃星快，绒毛也相对粗一些。特别怕叶片中心积水或者淋雨，很容易因水分浸湿叶片而腐烂。对药物特别敏感，一丁点也会在叶片上留下疤痕，需要特别注意。夏季温度过高时也会休眠，底部叶片干枯脱落，要减少浇水量。

因为含有绒毛，可以与其他带有绒毛的景天科多肉植物搭配组合，效果非常惊人。小绒毛看起来很"萌"，与熊童子、月兔耳等组合在一起，天然呆的形象又会提升不少。日照充分的情况下，叶片颜色鲜艳夺目。

繁殖方式叶插与扦插都可以，不过叶插不太容易成功。

jīng yè
静夜
景天科 石莲花属

生长速度：较慢
繁殖难度：一般

春季	夏季
★★★★☆	★★★☆☆
秋季	冬季
★★★★☆	★★☆☆☆

　　属于较迷你的石莲花，个头非常小，很容易群生，日照充分的时候，叶尖会变红，非常可爱。近两年开始被广大爱好者追捧，价格也一路飙升，有许多商家开始出售2～3厘米的小苗，而且大部分都没有根系，不太建议大家购买无根的多肉，新手很难养活。夏季高温日照强烈时会休眠，要适当遮阴、减少浇水量。对药物比较敏感，用药时要注意，最好不要误喷到叶片。缺少光线会徒长得非常难看，茎拔高生长，叶片松散。所以尽量多给一些日照吧！

　　小巧可爱的形态非常招人喜欢，可算是迷你组合里的小公主，因其价格较高，降低了在组合盆栽中出现的几率。虽然自身生长较慢，却很容易群生，群生后的效果也很棒！可以选择一个别致的花器单独栽培。

　　繁殖方式叶插与扦插都可以，叶插较容易，但叶插苗长出后养护时间较长，很容易在这期间死掉，不过相对来说还是比较容易繁殖的。

百合科
番杏科
景天科
菊科
萝藦科
马齿苋科
鸭跖草科

Part3 100种常见多肉植物图谱

蓝石莲

景天科 石莲花属

生长速度：较慢
繁殖难度：较容易

春季 ★★★★☆
夏季 ★★★☆☆
秋季 ★★★★★
冬季 ★★☆☆☆

全年大部分时间都呈蓝白色，是比较经典的石莲花，日照充足的情况下叶边会转变为粉红色，更加动人。非常喜欢日照，也喜欢干燥、通风良好的环境。除夏季需适当遮阴外，其他季节完全可以在户外暴晒。体型在同种类里算中等，不过后期也可以生长到很大。能长出石莲花特有的花茎，开花也非常漂亮。对水分需求不是很大，不过生长季节也可以稍增加浇水量，以满足植株生长所需。

非常适合与其他迷你型多肉植物组合栽培，自身的颜色与形态就已经很美了，常能在组合中处于中心地位。后期会生长到非常大，适当增加日照时间会使叶片更加饱满紧凑，减缓生长速度。单独栽培也不错，可选择10厘米左右的白色花盆，搭配效果更佳。

繁殖方式叶插与扦插都可以，一般以叶插为主，比较容易成功。

女雏 nǚ chú

景天科 石莲花属

生长速度：一般
繁殖难度：较容易

| 春季 ★★★★☆ | 夏季 ★★★☆☆ |
| 秋季 ★★★★☆ | 冬季 ★★☆☆☆ |

　　一种较小型的石莲花，大部分时间都是绿色，日照充足的春秋季会呈现漂亮的粉色调。适当控制浇水，使土壤干燥一些，叶片颜色会更加艳丽。全年都在生长，对日照的需求比其他石莲花要少一些。非常容易群生，但挪动后恢复较慢，所以一旦种好后就尽量减少翻盆、换盆的次数。

　　迷你娇小的体型加上春秋季可爱的粉色调惹人喜爱，很适合小型组合盆栽。生长速度比其他石莲花快许多，也可以尝试让枝干木质化后单独栽培造景。群生速度非常快，想让它爆盆的话可以选择一个较大、透气性较强的陶质花器。

　　繁殖方式叶插扦插都可以，叶插非常容易成功。

百合科　番杏科　景天科　菊科　萝藦科　马齿苋科　鸭跖草科

霜之朝
shuang zhi zhao

景天科 石莲花属

生长速度：较慢
繁殖难度：一般

春季 ★★★☆☆
夏季 ★★★☆☆
秋季 ★★★☆☆
冬季 ★★☆☆☆

一种比较强健的石莲花，非常抗晒，可以全日照养护。叶片上有一层很厚的白色粉末，正常时都呈白色，缺少日照时会变绿，日照充足时略变为粉色。叶片非常厚实，对水分需求不太多，浇水时避免直接浇到叶片中心，尽量从花盆边缘倒入。夏季高温时短暂休眠，基本是全年生长的类型，春秋季生长较快，总体来说生长还是非常缓慢的。

非常适合迷你多肉的组合，以白色调加入其中会非常抢眼。日照充足的情况下叶片非常紧凑，再略转变为粉色，是非常独特的色调。莲座状的造型非常大众化且受大家喜爱。单独栽培效果也不错，多年生老株枝干容易木质化，可利用这点进行塑型。

繁殖方式叶插与扦插都可以，由于生长较慢，叶插是不错的选择，比较容易繁殖。

初恋
chu lian

景天科 石莲花属

生长速度：较快
繁殖难度：极容易

春季 ★★★★☆
夏季 ★★★☆☆
秋季 ★★★★☆
冬季 ★★★☆☆

一种颜色非常艳丽的石莲花，在秋季日照强烈、温差较大时会变得非常红。叶片比较薄，储水能力及抗虫害能力稍逊于其他石莲花，在通风不畅的情况下容易滋生介壳虫。日照时间减少会整株变绿，夏季有休眠迹象，底部叶片会干枯脱落，是正常现象。

这是一种不可多得的具有艳丽色彩的多肉植物，非常适合组合盆栽，自身的色彩在秋季非常出众，在组合盆栽中能起到很好的点缀作用。虽然生长速度比其他石莲花快，但并不影响它在组合盆栽里的地位。多年老株在枝干木质化后可以用于单株造型，也是很不错的选择。

繁殖以叶插为主，极容易成功，扦插也可以。

瓦松 wǎ sōng
景天科 瓦松属

生长速度：一般
繁殖难度：较容易

春季	夏季
★★★★☆	★★☆☆☆
秋季	冬季
★★★★☆	★★☆☆☆

在中国大部分地区都能发现，北方地区多在半坡山体向阳坡面、岩石缝隙、山顶光线较好的地方，而南方在屋顶瓦缝中生长得非常多。是一种非常常见的多肉植物，不过也因种类不同而有些差别，不同地方称呼不同，有许多人都见过，却不知道是瓦松。非常耐旱，可以完全置于阳光下暴晒，不耐寒。夏末秋初会从中心叶片慢慢长出花束，直到秋末开花结束，然后整株死亡，来年依靠种子自播繁衍。

因其自身秋季开花后死亡，不适合与其他多肉植物混植在一起，即使将花茎剪去，也只能是延长死亡时间。可以尝试野生放养或者直接置于院子角落处，任其自由生长，大片开花时非常壮观，来年种子又会自播，完全不用管理。

繁殖方式主要依靠播种，也可以尝试分株栽培，成年株会从旁边生出新的小侧芽。

百合科 番杏科 景天科 菊科 萝藦科 马齿苋科 鸭跖草科

Part3 100种常见多肉植物图谱

zi chi lian hua
子持莲华
景天科 瓦松属

生长速度：较快
繁殖难度：较容易

春季 ★★★☆☆
夏季 ★★★☆☆
秋季 ★★★☆☆
冬季 ★★☆☆☆

深受大家喜爱的品种，也是人气较高的多肉植物之一。属于"夏种型"，夏季可以持续生长，不过也需注意避免强烈的日照。特别是夏季暴雨后的阳光，巨大的气候反差很容易导致全军覆没。状态养好后适当地断水会让子持的外形变得像玫瑰一样，浇水稍多会促进生长速度，外形也会变得很舒展。叶片中心能生长出花束，开花后会死掉，所以为了保证能存活下来，发现花苞就要立即剪掉。剪掉后重新长出的侧芽也可能是花苞，不过也有一半几率是新芽，如果仍是花苞就需要继续剪掉，这样能保证继续活下去。

从生长习性来讲并不太适合与其他多肉植物混合栽培，因为浇水后生长速度会比其他多肉快很多，特别影响整体效果。但因其自身漂亮的外形能给组合栽培加分不少，所以有许多混植组合都用子持莲华来点缀。单独栽培效果非常棒！特别是用已经破碎掉一半的花盆，爆盆后绝对可变为花园中一处不错的小景。

繁殖方式主要是扦插，剪下一棵小苗直接种上即可，生根也非常快。

百合科
番杏科
景天科
菊科
萝藦科
马齿苋科
鸭跖草科

xiong tong zi
熊童子
景天科 银波锦属

生长速度：较慢
繁殖难度：较难

| 春季 ★★★☆☆ | 夏季 ★★★☆☆ |
| 秋季 ★★★☆☆ | 冬季 ★★☆☆☆ |

　　原生地位于非洲的纳米比亚，是一种人气超高的多肉植物。叶片带有许多绒毛，形似小熊的爪子，特别招人喜爱。喜欢干燥温暖、通风良好的环境。夏季温度过高会有短暂休眠，要特别注意减少浇水，不然很容易因闷湿而使叶片掉落。非常喜欢日照，日照充足才能使叶片肥厚饱满。叶片非常容易被碰掉，应尽量减少挪动次数。

　　适合与其他带绒毛的多肉混植在一起，非常可爱。也可单株盆栽，枝干易木质化，也会越长越高，分枝越长越多，效果非常出众，一棵高大的熊爪树可以萌翻一大片爱好者。

　　繁殖方式以扦插为主，剪下一段插入土中即可生根，不过失败的几率也不小。还可以叶插，但成功几率非常低。

百合科　番杏科　景天科　菊科　萝藦科　马齿苋科　鸭跖草科

Part3 100种常见多肉植物图谱　113

xiong tong zi bai jin
熊童子白锦
景天科 银波锦属

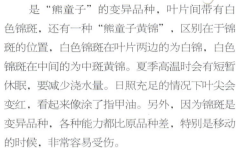

生长速度：较慢
繁殖难度：较难

春季 ★★★☆
夏季 ★★★☆
秋季 ★★★☆
冬季 ★★☆☆

是"熊童子"的变异品种，叶片间带有白色锦斑，还有一种"熊童子黄锦"，区别在于锦斑的位置，白色锦斑在叶片两边的为白锦，白色锦斑在中间的为中斑黄锦。夏季高温时会有短暂休眠，要减少浇水量。日照充足的情况下叶尖会变红，看起来像涂了指甲油。另外，因为锦斑是变异品种，各种能力都比原品种差，特别是移动的时候，非常容易受伤。

变异品种存在许多不定因素，不太适合与其他多肉组合栽培。但单独栽培效果不错，与熊童子一样枝干很容易木质化，呈树状生长。

繁殖方式主要是扦插，剪下一段后插入土中即可生根，不过成功率较低。

fu niang
福娘
景天科 银波锦属

生长速度：一般
繁殖难度：较容易

春季 ★★★☆
夏季 ★★★☆
秋季 ★★★☆
冬季 ★★☆☆

原生地位于非洲西南部的纳米比亚，喜欢日照充足、通风较好且干燥的环境。几乎全年保持白绿色，日照充足的情况下叶边会变红，整体色调变化不大。呈树状生长，会越长越高。几乎全年都在生长，夏季高温时减少浇水量即可，其他时候正常给水会长得飞快。也可半阴栽培，不过缺少光线时间过长枝干与叶片会徒长得非常难看，所以多晒是不错的选择，可使叶片饱满紧凑。

适合高低层次的多肉组合栽培，以白色调出现在组合中，并且占据较高空间，相比大部分矮小的多肉植物来说具有较大优势。单独栽培也不错，选择一个较大的花盆扦插满满一盆子，爆发起来像一片白色的鹿角森林。

繁殖方式以扦插为主，是不能叶插的品种。扦插比较容易，剪下一段插入土中等待生根即可。

观音莲
guan yin lian

景天科 长生草属

生长速度：较快
繁殖难度：较容易

春季 ●●●●○ ★★★★☆
夏季 ●●●○○ ★★★☆☆
秋季 ●●●●● ★★★★☆
冬季 ●●○○○ ★★☆☆☆

  原生地位于西班牙、法国、意大利等国家，国内也非常常见，普通小花店及花市都能遇到的常见品种。属于高山多肉植物，比较耐寒，特别喜欢通风较好、凉爽且日照充足的环境，属于多肉植物中的"冬种型"。夏季温度升高时，底部叶片干枯脱落，休眠状态很明显。在国外常见于庭院露天栽植，原有的绿色会随日照时间增多而变得更加美丽。非常容易被介壳虫寄生，新买回的盆栽一定要清洗、修剪根系后再种。

  易群生、耐寒的习性常被用于庭院造景，也很适合地栽，可以长成一大片。如果喜欢大面积造景就使用口径大一些的花器，群生后还能转为垂吊栽培。也可以与其他多肉植物混植搭配，群生后搭配其他多肉也是非常漂亮的。

  繁殖方式主要靠分株，将叶片中间生长出的新枝剪掉，单独扦插在土壤中即可。

摄于国内某多肉大棚

紫牡丹
zi mu dan

景天科　长生草属

生长速度：较慢	
繁殖难度：一般	
春季 ○○○○○ ★★★★☆	夏季 ●●●●● ★★★☆☆
秋季 ○○○○○ ★★★★☆	冬季 ●●●○○ ★★☆☆☆

属于高山多肉植物，喜欢通风良好、干燥凉爽、日照充足的环境。属于"冬种型"多肉植物，冬季能耐低温，根系健壮的老株可抵抗-10℃左右的低温。夏季高温时休眠，一定要减少浇水量，或者改为喷水，偶尔喷洒一点，不然很容易腐烂。日常为绿色叶片，日照时间增加会整株转变为紫红色。

适合在庭院内群生栽培造景，生长成一大群"霸占"院子或者露台的某个角落。有些地区即使冬季也能露养，抗寒性比其他多肉强许多，非常难得。也适合与其他同类高山多肉混合栽培，秋季日照充分的情况下变色非常漂亮。

繁殖方式主要靠分株，新的小苗会从植株上生长出来，生长到一定大小后就可以剪掉插入土中单独栽培了。

魔南景天

景天科 魔南景天属

生长速度：一般
繁殖难度：较容易

春季 ●●○○○ ★★☆☆☆
夏季 ●○○○○ ★☆☆☆☆
秋季 ●●●○○ ★★★☆☆
冬季 ●●○○○ ★★☆☆☆

原生地位于亚热带地区，比较喜欢通风良好、有明亮光线的山崖间。对日照需求并不多，一定不能暴晒，不然很容易被晒死。夏季高温时会休眠，要适当遮阴或者直接移到阴凉通风处，减少浇水量。常年为绿色，紫外线过强会变成灰色。根系非常短浅，所以在生长季节也不要大量浇水，可以频繁少量地浇水。不耐寒，冬季需要挪到室内。

由于比较娇气，不适合与其他多肉组合栽培，但其迷你可爱的形态比较少见，可以与生长较缓慢、不用多晒的十二卷或玉露种在一起。叶片很脆弱，单棵挪动很容易受伤，一定要用镊子等工具来移动它。

繁殖方式主要是扦插，剪下一株单独种上即可，繁殖速度较快。也可以叶插与播种。

银星

景天科 风车草属与石莲花属杂交

生长速度：较慢
繁殖难度：一般

春季 ●●●○○ ★★★★☆
夏季 ●●●○○ ★★★☆☆
秋季 ●●●○○ ★★★★☆
冬季 ●●○○○ ★★☆☆☆

是一种杂交的多肉植物，亲本的原生地都位于南非，所以杂交后代也比较适应如原产地般温暖干燥、通风良好的环境。也可半阴栽培，少量光线同样能健康生长，是一种不错的室内栽培植物。对通风环境要求稍高，通风不良易滋生介壳虫。成株会开出石莲花一样的花茎，不同的是开花后整株死亡，所以发现花茎后要立即剪掉。夏季高温时会进入短暂的休眠阶段，要减少浇水量，春秋生长季节浇水量可以大些，生长速度比较缓慢。

生长速度非常慢，根系较少，比较适合小型造景搭配，比如种在假山上，搭配火山岩类的花器非常不错。单盆栽种可选择较矮但是盆口较大的花器，因为后期容易群生，占地面积较大。

繁殖方式以分株为主，也可以叶插，难度一般。

菊科

lan song
蓝松

菊科 千里光属

生长速度：较快
繁殖难度：较容易

春季	夏季
○○○	○○○
★★★☆	★★★☆☆
秋季	冬季
○○○	○○○
★★★★☆	★★☆☆☆

原生地位于南非南部沿海地区，从外形上很难想象其隶属于菊科，许多人认为它属于景天科植物，不过从后期生长特点来看，的确拥有菊科的特点。根系非常粗壮，并且很发达，可以选择较深较大的花盆栽培，根系生长健壮后，新的分枝会从根部生长出来。叶片全年为蓝色，不过缺少日照后会变为绿色，比较喜欢日照，一定要给足日照时间。夏季高温时有短暂休眠，注意减少浇水，防止腐烂。其他季节可以大量给水，生长也非常迅速，很快就会长到一大丛。

是一种不错的组合栽培材料，适合于各种迷你组合、庭院搭配等。植株形态呈向上生长趋势，虽然群生速度很快，不过也不会占用太多地方，适合作为组合栽培中的层次划分。单独栽培也很不错，我曾在花友家见到过满满一大盆的蓝松，自身的蓝色调非常抢眼，看起来很美。

繁殖方式以扦插为主，是不能叶插的品种，也可以用老根重新发出新枝，较容易繁殖。

珍珠吊兰
zhen zhu diao lan

菊科 千里光属

生长速度：较快	
繁殖难度：较容易	
春季 ●○○○○ ★★★★☆	夏季 ●○○○○ ★☆☆☆☆
秋季 ●○○○○ ★★★★☆	冬季 ●○○○○ ★★☆☆☆

在国内比较常见，叶片像珠子一样圆圆的，是一种多肉吊兰，还有一种被称为"情人泪"的同类多肉，叶片像水滴。两种多肉的养护方法是一样的，对日照需求很少，日照时间过多会从翠绿转变为灰色，这点与玉露十分相似。半阴、通风良好的环境是非常合适的。夏季温度升高、闷热时会休眠，要特别注意浇水，很容易因闷湿的环境而腐烂，如果发现，要及时剪掉腐烂部分重新扦插，一定不要犹豫，不然很快就会全部烂掉。

不论组合栽培还是单独栽种，效果都非常好。特别是单独栽种在挂盆里，珠子像瀑布一样垂吊下来，非常漂亮。与其他多肉植物组合栽培时可以作为点缀，将根系种好后平铺在花器表面即可。

繁殖方式主要是扦插，很容易成功，剪下一段直接插入土中即可。另外还有一种快速繁殖方式，剪下一段平铺在土面，再覆盖很薄一层土并浇水，后期将会从多个生长点长出许多新的分枝。

百合科　番杏科　景天科　菊科　萝藦科　马齿苋科　鸭跖草科

zi xian yue
紫弦月

菊科 千里光属

生长速度：较快
繁殖难度：较容易

春季 ●●●●●	夏季 ●●●●○
秋季 ●●●●●	冬季 ●●●☆☆

多肉植物的吊兰品种之一，叶片非常奇特，日照充分的情况下茎部会从绿色转变为紫红色。开黄色小花，搭配自身的紫红色非常漂亮。几乎没有休眠季节，但夏季高温时应减少浇水量。如果缺水，叶片会起褶皱，浇水后第二天就会饱满起来。初期生根需求水分不多，根系生长健壮后会疯了一样呈爆发性生长。在各种垂吊型多肉植物中应该是生长速度最快的了。

适合以点缀方式加入组合栽培，特别是露养于院子与露台的篮筐、铁艺篮子一类的花器。单独栽培也很不错，生长速度超快，很快就会爆盆，日照充足的时候非常漂亮，尽量选择大一点的花器。

繁殖方式叶插与扦插都可以，因为生长速度超快，扦插是最快最容易的方式，剪下一段插入土中就可以成活。

萝藦科

ai zhi man
爱之蔓

萝藦科 吊灯花属

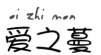

生长速度：较快
繁殖难度：较容易

| 春季 ★★☆☆☆ | 夏季 ★★★☆☆ |
| 秋季 ★★☆☆☆ | 冬季 ★★☆☆☆ |

原生地位于南非与津巴布韦，是一种垂吊型多肉植物，可以开花，花朵呈吊灯状，非常小。叶片常年保持深绿色，呈"心形"，另外还有锦斑变异品种，叶片上有白色或粉色的锦斑，比普通品种更漂亮。喜欢通风好、温暖、干燥的环境，对日照需求不是太多，一定不要暴晒。半阴环境就可以生长得非常好，很适合室内栽培。夏季高温时要减少浇水，不然很容易腐烂，浇水时间可以根据叶片来判断，缺水后的叶片摸起来很薄很软。

比较适合单独栽培，可以放在高处，便于垂吊，生长速度较快，枝条长度可达到2米以上。也可以尝试与其他多肉植物混植，枝条生长较快，但叶片大小基本不会改变，效果还是不错的，可以作为点缀平铺在花器周围。

繁殖主要靠埋在土中的球根，可以把球根分出来单独栽种，很快就会长出新的枝条。老枝条上也会出现小球根，可以直接剪下插入土中，比较容易成功，单独剪下没有球根的枝条扦插很难成功。

百合科
番杏科
景天科
菊科
萝藦科
马齿苋科
鸭跖草科

Part3 100种常见多肉植物图谱　121

马齿苋科

吹雪之松锦
chui xue zhi song jin

马齿苋科 回欢草属

生长速度：较慢
繁殖难度：一般

春季 ○○○ ★★★★☆	夏季 ●○○ ★★☆☆☆
秋季 ○○○ ★★★★☆	冬季 ●●○ ★★☆☆☆

原生地位于纳米比亚，是一种变异带有白色锦斑的多肉植物，叶片正常为绿色，带有白色锦斑。喜欢温暖干燥、通风良好的环境，对日照的需求不是太多。日照充足的情况下，叶片会变红，加上原有的绿色与白色锦斑，可以同时出现三种颜色，非常漂亮。夏季高温时短暂休眠，要注意减少浇水量，比较容易腐烂。冬季不抗冻，也应做好保暖工作。多年生的老株会开出粉色花朵，枝条非常容易垂吊，可作为吊兰栽培。

较适合与其他多肉混植，可以种在花盆边缘，后期会顺着花盆往下垂吊。也可种在较大的花器中，以吊兰状态生长会非常抢眼。生长速度不是太快，加上自身丰富的色彩，单盆栽培也不错。

繁殖方式叶插与扦插都可以，叶插速度较慢。

jīn zhī yù yè
金枝玉叶
马齿苋科 马齿苋树属

生长速度：较快
繁殖难度：较容易

春季	夏季
★★★★☆	★★★☆☆
秋季	冬季
★★★★☆	★★☆☆☆

本名马齿苋树，金枝玉叶是商品名。原生地位于南非，在国内多以迷你盆栽的状态出现，但在原生地，它可是以非常巨大的树状存在着。喜欢温暖干燥、阳光充足的环境，很耐干旱。没有明显的休眠期，夏季也可以持续生长。叶片会因日照时间增多而变得饱满，缺少阳光时，叶片会变得比较薄，看起来很不健康，枝干也会因日照而从绿色转变为紫红色。可以完全置于露天环境下栽培，使用红陶类花盆栽培，不论刮风下雨都不会轻易死掉。

在国内花市中常见。因为枝干生长迅速，并且很容易造型，可以通过不停地修剪让植株按照你想要的形状生长，剪下来的枝条全部都可以用于扦插。

繁殖方式以扦插为主，剪下一段直接插入土中即可生根。扦插较容易存活的特点也利于小型组合盆栽，可以按照自己喜欢的形状去栽种。

百合科
番杏科
景天科
菊科
萝藦科
马齿苋科
鸭跖草科

Part3 100种常见多肉植物图谱　123

雅乐之舞
ya le zhi wu
马齿苋科 马齿苋树属

生长速度：较快	
繁殖难度：较容易	
春季 ●●●●○ ★★★★☆	夏季 ●●●○○ ★★★☆☆
秋季 ●●●●● ★★★★☆	冬季 ●●○○○ ★★☆☆☆

原生地位于南非，是"金枝玉叶"的锦斑变异品种。在国内一般以迷你的状态存在，不过在原生地是非常高大的树状。喜欢阳光充足、温暖干燥、通风较好的环境。全年都在生长，夏季高温时会短暂休眠，不过不影响生长。日照过少时，叶片与枝干会转变为绿色，日照充分的情况下叶片会转变为金黄色，枝干呈紫红色。

适合在组合栽培中点缀其他多肉植物，日照充足后呈现的金黄色也是非常突出的。枝干较长，也适合栽在组合栽培的外围或者中心部分，增加层次感。单独栽培时也能有出众的造型，很容易树状化，可以多进行一些修剪，让植株按照你喜欢的造型生长。

繁殖方式以扦插为主，剪下一段埋入土中即可生根，较容易成功。

鸭跖草科

bai xue ji
白雪姬

鸭跖草科 鸭跖草属

生长速度：较快
繁殖难度：较容易

| 春季 ★★★☆☆ | 夏季 ★★★☆☆ |
| 秋季 ★★★☆☆ | 冬季 ★★☆☆☆ |

原产地位于中南美洲的危地马拉、伯利兹、墨西哥等国家，是一种形状比较奇特的多肉植物。叶片上有许多白色的丝状物，栽种时尽量避免土壤沾到叶片上，不太容易冲洗，并且叶片上喷水过多后，丝状物会消失。不需要太多的日照，比较怕低温。生长点是从主体枝干上生出新枝，然后慢慢伸长生长。叶尖能开出粉色的小花，非常漂亮。

由于其本身生长速度较快，并且枝条很容易被折断，最好单盆栽培。可以垂吊栽培，固定在一个地方后不要过多地挪动，白绿色调加上粉色的花朵能展现出一种独特的美丽。

主要采取扦插的繁殖方式，枝干容易伸长，并且非常脆弱，很容易被折断，折断后的枝条不要丢弃，可以用来扦插。

Part 4 上盆与配土

被美丽的多肉迷住了，得赶紧去买几盆。但是，从哪里买肉肉最可靠？买回后如何处理？用什么土种肉肉长的最好？初期养护要注意些什么？怎么换盆？

初学养肉的你一定有着各种疑问，在本章找答案吧。

一、购买技巧与买回后的处理

购买途径与技巧

购买多肉植物的途径非常多，花市、集市、普通花店、花卉市场、大型花圃、网购等都可以。但国内很多地区园艺发展较慢，只能见到仙人球、仙人掌、芦荟等多肉。过节或者开春时也许有长寿花，其他的多肉植物就几乎遇不着了。所以很多花友只能选择"网购"。

但网购多肉植物有很大的局限性：

1. 很容易在快递运输过程中使植物受伤。
2. 看不到植物的大小和品质。
3. 很难买到让人满意的多肉植物。

两年前多肉刚开始盛行时，普通品种3~5元就能买到，并且个头很大，品质也比较高。但是从2012年开始，多肉植物的火热盛行把价格推上新的台阶，全线涨价不说，大棚量产后也完全不注重品质与大小，对刚刚入门的爱好者而言是一种毁灭性打击，这种现象非常不好！我建议大家尽量到本地的花卉市场购买，相对于网购来说，花卉市场的多肉能摸到，能看到，能讲价，各方面都会优于网购。

实在追求品种的花友就只能选择网购了，要尽量选择距离自己近一些的城市购买，这样运输过程中对多肉的伤害要小很多，且不会因南北气候差异使多肉不适应。这一点尤为重要。从南方运到北方的多肉需要很长一段时间来恢复，而在北方直接购买则能很快适应本地环境并开始生长。

摄于韩国某花市

新到家的多肉经常出现掉叶现象，主要是运输过程中的损伤引起的，很容易被碰掉、碰伤。并且多肉本来生长速度就慢，恢复时间也较长，还要适应新的气候环境等。所以网购的多肉，到家一两周状态不好很正常，不必惊慌，只要后期养护工作做好了，会慢慢变漂亮的。

网购最好在春秋季

网购多肉最好选在春季与秋季，不建议在夏季或冬季购买。夏季大部分多肉还处于休眠状态，特别是大棚内的，买回家后整个夏季几乎不生长，状态差一些的还很容易死亡。冬季最大的风险是运输，0℃以下容易冻伤，这也是致命的，一般路途超过3天就非常危险了。如果买回家发现有冻伤或者摸着非常冰，就需要先将植物种起来，放在10℃左右的地方缓和，5天至1周后少量浇水，然后慢慢挪到温暖的地方。北方因为有暖气，千万不要直接浇水，要先搬到20℃左右温暖的地方缓苗，过一段时间适应温度后再浇水。不然，极大的环境变化对多肉是致命的。

总体来说，网购有很大的风险，经常看到花友抱怨买到的多肉状态不好或者被快递压坏等情况。我自己也经常网购，可以说至今为止都没有太满意的，并且到手的植株都很小。漂亮的状态只有靠后期自己慢慢养护才会展现出来，这是任何地方都买不到的。

新购入的多肉有许多工作要做

1.丢掉原来的土壤

将多肉自带的土壤全部扔掉，不论是花市还是大棚，使用的土壤都没有太多营养，还有可能带有虫子和虫卵。特别是花市买来的多肉，花贩们经常用黄泥或者沙子种植，这些土都是非常不健康的，一定要丢掉。家里的虫害很多就是从新买的多肉中带入的。

新购入的多肉——银星

2.清理根系与枯叶

将原来的老根全部去掉。老根的呼吸及吸收功能都非常差，并且容易使土壤结成块状，不利于生长。如果多肉几个月不生长或者状态一直不好，多半就是根系出了毛病，这时要重新翻盆检查。不论是新购入还是重新翻盆时，都一定要将老根清理掉。不用担心这样做会损伤根系，相对于多肉植物本身来说，根系生长的速度快多了，只需一周时间就可以生出健康的根系。

多肉植物在生长过程中会消耗最底部的叶片，叶片慢慢干枯并且堆积起来，越来越多。购入或者翻盆时要将这些叶片清理掉，干枯的叶片很容易引发霉菌，霉菌是多肉的终极杀手之一。大部分多肉就是因为通风不畅滋生了这些霉菌，爆发起来再挽救已经晚了。另外，枯叶也是虫子产卵的理想温室，大部分虫卵都是出现在枯叶里的。

🌱 清理前

🌱 清理中

3.检查是否有虫子

新购入的多肉一定要做好防虫措施，我就遇到过无数次虫子入侵的情况，大部分都是购入时预防措施没做或者清理不彻底造成的。多肉植物患虫的几率比其他植物小很多，只要管理得当，基本不会出现虫子。

🌱 清理后

虫子的传播速度很快，特别是介壳虫，如果一盆不清理，很快就会殃及旁边的多肉。它的爬行速度很快，繁殖也快，很容易大量爆发。新购入的多肉一定要检查仔细，因为在大棚里爆发虫患是很正常的，商家才不管卖出的多肉是否有虫子或者含有虫卵。

经过翻盆折腾和修根后，多肉抵抗力会稍微减弱，所以尽量不要用药，比较好的方法就是用水清洗，如果虫子较多就用清水浸泡10分钟，然后再清洗一下就可以了。

🌱 这里有只介壳虫

🌱 用清水浸泡10分钟

4.清洗植株

新购入的多肉不论是否有虫，都需要好好清洗一番，因为虫卵和霉菌很容易粘在叶片背面或者根系上，光是清理根系和浸泡也不一定能彻底清除。多增加一个步骤，可减少患病虫害的几率。目前很流行使用"多菌灵"来浸泡和清洗肉肉。多菌灵是杀菌的，不能杀死虫子和虫卵，不过使用后可以减少被霉菌寄生的几率，后期还能提高多肉植物的抵抗力。

🌱 新购入的多肉要好好清洗一番

5.晾干

清洗后的多肉一定要彻底晾干后再种,虽然不用晾干直接种上也能够生根生长,但是后期比较容易生病。彻底晾干后再栽种的多肉,在后期生长中健康度明显高于未晾干直接栽种的。晾干时间在2~3天,晾干时要避免阳光直射,需放在通风良好、干燥的地方。

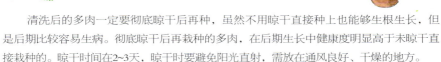

上盆浇水

许多人认为新购入的多肉种好后第一周是不需要浇水的,这其实并不准确,要看土壤的干湿情况而定。如果是潮土(土壤中含有一定水分),种好后的确可以5天甚至一周都不用浇水。但土壤过分干燥是不利于生根的,根系无法从中吸收水分,也很难生出新根,即使生出新的根系也会枯死。所以,采用喷水或者少量浇水的方式让根系附近的土壤具有一定水分,才便于生根。

二、神器级别的园艺工具

栽培多肉所需的工具并不多，不过由于多肉大都比较迷你并且脆弱，加上一些特殊性，所以有几款神器级别的园艺工具还是要准备一下的。最常用的分别是：喷水壶、镊子、剪刀、小铲子。这些都是非常实用的装备，可以大大提高日常管理效率。

喷水壶

绝对的神器级别，不光可以浇水，还可在夏季傍晚喷雾降温。

一些刚上盆的多肉，可以用喷壶喷水来代替大量浇水。特别是刚种好的小苗，非常忌讳突然大量给水。另外，玉露系列等喜欢空气湿度高的多肉，也可用喷水方式使其变得更美。喷壶的出水口是可以调整的，我经常使用它来清理叶片上的灰尘或泥土，是一种效率非常高的工具，家中必备。

不过也有一个缺点，目前市面上卖的3~5元不等的喷壶，非常容易坏，大部分都是弹簧位置卡死或者弹簧坏掉。我以前平均一个月就要用坏1~2个，非常郁闷。建议大家尽量购买质量好一些的，虽然贵一点，但是较耐用。

镊子

日常管理的终极神器，从栽培到叶插、扦插、换盆、除虫……全都用得到。

缺少了镊子，就像少了一只手臂。干枯掉落的叶片需要及时清理，以免滋生霉菌，而多肉大部分品种的叶片都非常容易掉落，直接用手清理很容易碰掉叶片，这时镊子就发挥功效了。很多多肉叶片上都有白色粉末，这种蜡质的粉末能起到保护作用，并让植株更美观。虫子就喜欢停留在叶片上，用手清理不但不方便，还会将粉末抹掉，这时镊子又成了最佳选择。

使用镊子的过程还具有一定修生养性的作用，因为这需要非常大的耐心及平静仔细的心情，不由自主地磨练了主人的耐心。

换盆　　清理干枯脱落的叶片

拾取掉落的叶片　　除虫

剪刀

园艺爱好者必备工具

任何修剪枝条的工作都要交给它，自己DIY的过程也会用到剪刀。

小铲子

家中常备工具之一

作用也非常明显，主要用于混土、栽培、挖取植株等工作。

三、配土方法

多肉植物的配土方法有很多,并且品种不同,所需土壤比例都有所不同。有些花友觉得土壤并不重要,养花嘛,随便什么土都可以的。按理说是这样,用沙子和黄泥也能养多肉,但是想把状态养好,就必须得根据习性来按比例配制土壤。摘用花友的一句话:给多肉配制好土与普通土的区别,就和人天天吃营养餐与方便面是一样的。

目前我家所有的土壤已经全部换成火山岩+泥炭土(1:1),效果还是很明显的。对于初入门的花友来说,只需要一种简单的配土方法就足够了。这也是我观察大棚内的配土及自己尝试后总结出来的比较不错的配土方法。大家可以尝试着自己来做,虽然脏一点,但过程很有趣。

最常用的配土方案:泥炭土+颗粒(1:1)

泥炭土的养分非常充足,并且松软透气,非常利于初期多肉植物生根。但如果全部使用泥炭土,时间过长会结成板块,不利于根系呼吸,浇的水还没浸透土壤就全部流光了。所以要在泥炭土中加入同等比例的颗粒植料,让土壤充满空隙。即使后期结成板块,土壤中的空隙也足够根系呼吸,浇的水也能充分浸入空隙中,可以大大提高土壤的使用期限。

蜂窝煤碎粒+泥炭土

珍珠岩+泥炭土

TIPS

泥炭土产自湿地，是湿地底部堆积多年而形成的不可再生资源（上万年），所以开采泥炭土是非常破坏生态环境的。目前英国已经全面禁止使用泥炭土，并且还有许多欧洲国家也开始慢慢停止使用泥炭土，所以建议大家能少用就尽量少用。可以使用"椰糠"代替，质量上乘的椰糠效果并不比泥炭土差，价格较泥炭土也便宜一些。

"颗粒"一词也许有花友不太理解，颗粒植料有很多种，路边与山上的小石子、珍珠岩、火山岩、陶粒、赤玉土、蜂窝煤、轻石/浮石（火山岩的一种）、兰石、日向石等等，都是颗粒植料。在配土过程中，多少加入一些透气性较好的颗粒植料，能提高根系的呼吸能力，大大提高土壤使用率。像珍珠岩、陶粒、蜂窝煤、火山岩这类都是透气性非常强的颗粒植料。在与泥炭土混合使用时，并不需要各种颗粒植料都来一点，这可不像炒菜，只要土壤中含有足够的颗粒植料，达到透气的目的就可以了。

另外，颗粒植料还可以用来铺盆面，改善土壤与多肉植物间的透气性，并且挡住泥土部分，更加美观。不过铺在表面的颗粒最好是浅色的，比如红色的火山岩就不太合适，如果放在日照强烈的户外，吸收阳光后的火山岩会非常烫，容易伤害到植物。白色或者黄色的颗粒比较合适，而且浅色调也很好看，利于搭配。

各种颗粒植料

珍珠岩：是一种火山岩高温下膨胀的产物，吸水量可达自身重量的2~3倍，透水性和透气性能很好，是改良土壤的重要物质。在泥炭土中加入同等比例的珍珠岩，可使土壤的透气性增加数倍，使根系呼吸到足够的氧气。珍珠岩化学性能稳定，pH值呈中性，不会对植物产生伤害，并且价格便宜，很容易买到。常说的无土栽培就是使用了珍珠岩。

缺点是使用时间过长后会粉碎，粉末使土壤结成板块，阻碍根系呼吸。我的经验是使用一年左右基本都不会粉碎。另外，珍珠岩非常轻，像泡沫一样，吹一口气立马飘走一大片。多肉植物非常耐折腾，而多肉爱好者都非常能折腾，拿我自己做例子，一年内必定会重新换土一次以上。所以初期选择珍珠岩还是不错的！

珍珠岩

火山岩：是火山爆发后由岩浆直接凝固而形成的多孔石材，种类繁多，但基本都具有一些共同特点：坚硬、透气性强、不易变形、富含丰富的矿物质。这是我使用最多的一种颗粒介质，稳定性好，坚硬透气，还可以二次使用。其富含的一些微量元素，从长远角度来讲，很适合多肉植物的种植。一些大型植物园也经常用到火山岩，特别是多肉这类喜欢微肥的植物。

缺点是不容易买到，市面上较少见，一般要通过网购才能买到，而且因为火山岩过重，运费也较高。相对于其他植料，火山岩本身也较贵。

火山岩在国内分布很广，稍微了解一下地质与岩石就会发现，国内大部分野外地区都能找到火山岩。比如重庆那种红色的岩石，就是白垩纪时期遗留下来的火山灰，经过几千万年地质变化而成。虽然不像火山爆发喷出形成的火山岩那样多孔透气，也是完全可以作为颗粒植料与土壤搭配使用的。不过野外找回的土壤或岩石一定要做好消毒杀菌工作，最好是放在户外暴晒一个月后再用。因为野外的土壤里有很多虫卵，爆发起来可不得了。另外，未打磨过的火山岩很容易划伤根系，所以选择打磨过的火山岩最佳（最好直接购买打磨过的，直接使用就可以了，野外找回来打磨太费事）。

火山岩

赤玉土： 在日本应用最为广泛的一种栽培介质。由火山灰堆积而成，是一种具有高通透性的火山泥，无有害细菌，pH值呈微酸性，非常利于储水和水分的挥发。对多肉植物栽培具有特效，大部分比较珍贵的多肉植物都使用这种植料栽培，几乎不用再添加别的植料。我个人觉得是目前种植多肉最好的介质，也做过一些对比实验，使用赤玉土种植的多肉在各方面的确要优于使用其他介质。

把它列入颗粒植料中作为泥炭土的搭配，主要是因为它高昂的价格，单独使用成本实在太高了。我在使用时也只是在颗粒介质里混入一点点，增加一点比例，或者直接铺于盆面。它吸水性能非常好，后期挥发水分的能力也很明显，很适合多肉这种怕积水的植物。直接铺于盆面还可以通过表面赤玉土的颜色来判断花盆内部的水分是否已干透。

赤玉土　　用赤玉土铺盆面

蜂窝煤： 常见且效果不错的栽培介质，不过大家很少发现。刚烧出来的蜂窝煤具有一定碱性，需要放于露天接受弱酸性的雨水中和后再使用，不然有可能烧坏根系。优点是容易取得，几乎没有成本，透气性强，不输于其他颗粒植料。使用时稍麻烦一些，需要将其敲碎，筛出颗粒，然后将粉尘倒掉。不过有时候为了省事，砸碎后就直接混入泥炭土使用了，粉尘可以充当沙子的作用，没有多大害处。

需要注意的是，因为各个地区制作蜂窝煤时掺入的成分不同，有些地区的蜂窝煤是不能随便使用的，可能会有一些有毒物质。

🍀 烧过的蜂窝煤

🍀 喷弱酸性雨水中和

🍀 砸碎

🍀 直接混入泥炭土使用

配土原则与其他配土方案

多肉植物的配土非常关键，有时对植株形态能起到决定性作用。大家可以先了解多肉品种的习性和原生地环境，然后尽量模仿原生地的土质去配合多肉植物，使之适应本地环境。

其实，生活在野外的多肉植物，土壤中沙子的比例是最大的，然后才是泥土与颗粒碎石。经过实地考察发现，野外多肉植物大部分生活在沙子和碎石占70%以上的地区。但我们栽培时并不能按照这个比例去配野外的土壤。因为我们买回家的多肉大部分出自种植大棚，大都是生长不到一年的小苗，与野外的多肉植物相比，这些小苗在温室环境中长大，完全禁不起野外环境的考验。通过简单的试验即可证明：刚买回的多肉植物，直接种在户外，要不了多久就会死掉。

1. 小苗的配土方案

小苗是不能使用太多颗粒的，因为小苗生长速度快，所需要的肥力和水分都比较多。很多花友认为多肉植物喜欢沙质与颗粒质的土壤，因而走入了误区，一开始就使用比例过高的沙子与颗粒混合物，而这样的配土方式对于小苗来说基本长不出根系，或者根系长出不久就枯死了。有些多肉买回种好后2~3个月不见长或者一直萎靡不振，这些都是植物给出的信息，此时就需要检查配土是否正确、根系是否健康了。

对小苗来说（生长1年内的多肉植物都是苗），使用松软的泥炭土与颗粒（1:1）就合适了，这几乎是一种共通的配土方案。

摄于国内某多肉大棚

> 有条件也可以按照下面的方法配土：泥炭土60%+沙子20%+颗粒20%。这个比例更适合小苗。如果实在找不到沙子，也可以用40%的颗粒植料来代替。土壤中松软的泥炭土比例增大一些，更加利于小苗生长。

2. 多年老桩的配土

对于多年的老桩多肉（指2年以上的），配土方法也差不多，只是把沙子与颗粒的比例加大一些。泥炭土、沙子、颗粒比例为1:1:1就非常适合了。

最近很火的韩国多肉植物，大部分是塑型后的老桩，非常漂亮。许多人认为是气候因素形成的，其实这与任何因素都没关系，植物都是要生长的，多肉植物也是，时间长了，慢慢就会形成老桩，而老桩多肉自身代谢特别慢，需要的水分与养分会减少许多，这就需要在植料中加入足量的颗粒来配合老桩生长。之前有朋友去韩国，特意拍了很多图片，我很疑惑为什么韩国人栽培多肉植物全用的是碎石，一点泥炭土的痕迹都看不到。后来明白了，因为老桩的多肉吸收很慢很少，对土壤中的透气透水性要求就更高了，因此才会加入更多的颗粒石子在土壤中来配合多肉植物生长。

老桩的配土方案：泥炭土20%+沙子20%+颗粒60%。这个比例就可以，不过比例要求并不严格，只是增加土壤中颗粒植料的占有率，此方法最好用于年头较久的多肉植物上。多肉老桩的配土根据年龄阶段，还会有一些变化，而且老桩的多肉最好不要经常挪动，否则很容易碰断或者伤到根系，老桩的恢复速度比较慢，一次性配好土后就不要再挪动是最好的选择。

3. 高手的配土

对于已有种植经验的高手来说，因多肉植物品种不同，配土方法也会有所不同。栽培一段时间，对自己所养的多肉习性有所了解后，就可以针对不同的多肉搭配不同的土壤了。

根系非常发达的十二卷、玉露、生石花，可以在土壤中加入较大比例的颗粒植料，并选用深一些的花盆。但切记不要完全使用颗粒植料，这样很可能一直生不出根系。

根系稍弱的景天科植物，可以适当减少颗粒比例，基本上泥炭土与颗粒1:1混合就是最实用的。当然，也可以根据自己后期养护观察，针对部分景天科根系发达的品种而改变配土方式。景天科植物大部分根系都非常少，在选择花器方面比较随意，浅盆、枯木、果盘都可以使用。

紫罗兰女王（摄于韩国某花市）

盲目使用那些昂贵的营养土也是不对的，贵的土壤并不是催长剂，想让多肉生长得更好更肥壮，需要在不同阶段使用不同比例的土壤，而不是疯狂使用肥料和昂贵的土壤来催生。

配土是栽培中非常重要的一环，它决定了植物后期生长的状态，一定不能马虎。在多肉植物的栽培过程中慢慢摸索，改善土壤成分，会使它们的状态非常独特。就算是便宜普通的品种，也可以养得精致又独一无二。

四、上盆方法及初期养护

多肉植物的上盆方法很简单，只需注意几个小细节，便能大大降低多肉牺牲的几率。

选盆

花盆分为有孔与无孔两种，有孔花盆最佳，如选择无孔花盆，底部要垫一层石子作为隔水层。当根系生长到花器底部时，如果没有隔水层，每次浇水后根系直接与最底部的水分和土壤形成浸泡状态，非常容易烂根。并且时间过长，水中的盐碱会沉积在盆底，根系吸收后会伤害植物。多肉植物的连带性很强，一旦底部根系腐烂就会慢慢往上腐烂，直至整株死亡。如果没有把握，尽量不要使用无孔花盆栽培。

上盆步骤（以无底孔盆为例）

1. 上盆前

铺好隔水层后直接将事先配好的土壤（配土方法上一节已详细介绍）倒入花盆，在想种多肉的地方刨出一个小坑，尽量将根部埋入其中。

选盆

铺好隔水层

将配好的土倒入

刨出小坑，准备种植

2. 种多肉

栽种前一定要做好多肉的清洗工作，等根部自然干透后再种上最好，可降低根部感染腐烂的几率。不过在春秋季节，清洗后直接种上问题也不大，种好后将周围的土轻轻压实即可。

 将清洗好并且晾干的多肉种上，用镊子轻压表面的土壤，使植物能够稳固在花盆中

3. 用颗粒植料铺面

这是栽种完成的最后一步，也是非常重要的一项工作。很多多肉刚种上后会出现左右摇晃的情况，特别是黑法师一类枝干比较长的植株，这个问题使用颗粒植料铺面后就能解决了。另外，植株最下端的叶片如果直接接触土壤，容易发霉腐烂，主要是因为透气性差。而颗粒植料遮盖后改变了透气效果，使最下端的叶片也能够享受到足量的通风，这样就不会或者很少出现叶片腐烂的现象了。

铺面后对浇水也有好处。水分很难直接从泥炭土流下去，而且因为泥炭土非常轻，浇水后容易出现漂浮现象。覆盖颗粒植料后再浇水，泥炭土就漂不起来了，并且部分带空隙的颗粒植料还能吸收一部分水分。

颗粒植料铺面还很美观，小飞虫也不能直接在表面产卵等等，好处多多。

TIPS
一定要将颗粒植料塞到叶片底下，特别是一些叶片较大的石莲花。

上盆后的浇水

以上步骤做好后，使用喷壶将土壤表面一层喷湿即可，切忌一次性大量浇水，因为此时多肉的根系还没长好，吸收不了这么多水分。没有根系的多肉，最好晾干并放置几天后再种，种好后一点水也不要浇，等待5天至1周后再少量浇水。

花器因材质不同，挥发水分的程度也会有所不同。特别是陶瓷、铁器一类的花盆，水分浇入后很难挥发掉。少量浇入一些，或者采用喷洒的方式让表面土壤保持一定湿润就可以了，潮湿的土壤非常有利于生根。

上盆后的初期养护

1. 不要置于日光下

刚栽种的多肉受到修根、移动等影响，自身抵抗力变得很弱，特别是修根后，需要一段时间来生根恢复。这时如果直接放在日光下，阳光很容易将其自身含有的水分蒸发掉，又因为没有新的根系可以吸收水分，多肉植物很快就会因为缺水死去。

另外，日光下的温度非常适宜霉菌生长，它们会从土壤中破坏抵抗力变弱的多肉，让根部腐烂发黑，慢慢蔓延至整株。这种情况并不是只出现在日光直射的时候，其他时候也有可能出现，发现后立即将发黑部位剪掉，重新扦插即可。

最佳放置地点是散光且通风较好的地方，缓苗时间一般为1~2周，新的根系一般1周后就会生出，具体缓苗时间根据多肉的健康状态、年头大小而有所不同。过了缓苗期就可以拿到有阳光的地方接受日照了，不过这时也要注意，尽量放在玻璃后或者纱窗后，不要直接暴晒。

🌵 黑法师

2. 少量浇水，切忌大量灌水

前面已经提过，在根系长出前，多肉植物没有吸收水分的能力，即使根系长出，开始的吸收能力也非常微弱，千万不要浇水太多。此时浇水过量很容易出现涝死、腐烂等情况。但如果不浇水，让土壤保持完全干燥也是不行的。在完全干燥的土壤中，多肉即使生出根系，也会很快将根系中的水分吸收并破坏掉。有些花友认为多肉植物与仙人球、仙人掌一样耐旱，所以很长时间都不浇水。这其实是误区，这样做的后果是：多肉栽种一段时间状态不见好转，拔出来会发现根系全都干枯掉了。

在初期，浇水量20天至1个月内都不用太多，可以"频繁少量地浇水"。待根系生长好、度过缓苗期后就可以增加浇水量了。

🌵 黑王子

Part4 上盆与配土　145

五、换盆

当多肉生长速度过快、现有花盆已不利于生长时就需要换盆了。这个并没有太多讲究，花友们想折腾时也可以随时换盆，多肉植物的特性就是耐折腾。不过也不要因为这点就经常把多肉拔出来看根系生长如何，或者一发现不对就换盆换土，频繁换盆会使刚刚适应新环境的多肉又要重新开始适应。

白斑玉露

需换盆的小苗

换盆一二三

❶ 准备好材料

❷ 先用小石子将花盆底部的孔堵住

❸ 在上面铺好土壤

❹ 换盆时,较小的苗最好用镊子,直接用手很容易伤到肉苗或碰掉叶片

TIPS

换盆的多肉要先清理根系,去掉老根。如果土壤中没有发现虫子,对根系的清理就不需要太彻底。如果发现虫子,就需要清洗、重新修根等。

多棵换盆种植

❶ 将肉苗整理好

❷ 按照自己喜欢的排列方式，一棵一棵小心地种入即可

❸ 种好后，用事先准备好的颗粒植料铺面

❹ 压住土壤，这时也可以将颗粒轻轻压入土壤中，防止后期掉落出来

TIPS

不小心落到小苗叶片上的颗粒要用镊子捡出来，以减少后期对叶片的摩擦损伤。

喷水

换好盆后就要喷水了，小苗初期上盆的养护方法前面已经讲过，频繁少量浇水即可。不过换盆的多肉根系一般都比较发达，换盆后是可以直接接受日照的，不要暴晒即可。另外，粗陶盆透气性很强，水分挥发特别快，如果用的是这种盆，表面土壤干透后就可以立即浇水，使花盆中保有一点水分，有利于小苗生长。

缓苗

刚上盆的多肉状态不佳也没关系，一般缓苗时间是1个月，状态再怎么差，1个月后也会开始慢慢恢复，这是能观察到的。正常来说，多肉的"变身"时间是3个月，比其他植物漫长。只要养护方面没问题，1年时间就会发生巨大的变化。

TIPS

推荐大家使用塑料的黑色小方盆，8x8（厘米）大小的就可以（如146页所示），一个才几角钱，经济实惠！先将多肉的状态养好，后期慢慢长大，装不下再换到更大或者自己喜欢的漂亮盆子里。这样对于植物也是很好的，不会出现太多损伤。

Part 5

多肉植物的繁殖

繁殖多肉是爱好者最喜欢做、也相当有成就感的一件事。这是一个比较漫长的过程,但很有趣,仿佛看着自己的孩子慢慢长大一样,同时也是"1变10"的奇妙过程,是多肉植物特有的魅力。

一、叶插

叶插是多肉植物的繁殖方式之一,也是人工繁殖的主要方式之一,熟悉多肉的人对"叶插"一词并不陌生,但第一次接触多肉植物,看到这样的繁殖方式,会觉得非常惊奇!

在拂动多肉时,难免会碰掉一些叶片,千万不要扔掉它们,可以收集起来用于叶插,一片叶子就能生出许多后代来。当然,也可以自己掰下叶片来尝试叶插的乐趣,这是一个比较漫长的过程,但很有趣,仿佛看着自己的孩子慢慢长大一样,同时也是"1变10"的奇妙过程,是多肉植物特有的魅力。

初期准备工作

健康的叶片

叶插成功的多肉

干燥的土壤

育苗盆及其他园艺工具

注意事项

◆ 健康的叶片可以大大增加叶插成功率。

◆ 经过反复试验,推荐土壤配方为:泥炭土(2份)、颗粒石子与沙子混合物(1份)。

◆ 育苗盆深一些,且空间较大,有利于叶插苗生长。

◆ 选择春秋季节叶插最合适,冬季与夏季也可以,不过成功率会低很多。北方地区因为冬季有暖气,也可以正常进行叶插。

叶插步骤

1. 准备叶片

从健康植株上取下叶片直接使用即可，摘取时抓紧叶片，左右晃动，小心摘取，避免损伤植株。摘下后一定不要用水清洗或用水泡，否则会使叶片透明化，不能再用于叶插。另外，摘取时避免叶片根部（叶片与茎的连接处）受污染，因为新芽与根系都是从叶片根部长出来的，如果叶片根部不干净，有可能被真菌感染，不能繁殖。如果不小心沾到泥土或水分，要立即用卫生纸擦掉。也不要放在阳光下暴晒，这样很容易使叶片损坏无法叶插。

新取下的叶片一定不要在阳光下暴晒

受感染及透明化不能使用的叶片是绝对不会叶插成功的，带有黑色部分受感染的叶片还具有传染性，发现后要立即扔掉，以免影响到同盆的健康叶片。

透明化的叶片（左边）
被感染的叶片（右边）

2. 将干燥的土壤铺入育苗盆

土壤平铺在育苗盆中，根据育苗盆的深度，尽量把土壤铺厚些，有利于叶片生根后从土壤中汲取更多营养，土壤越厚根系生长得越多。直接将叶片置于空气中也可以生根，并能长出小芽，不过当根系与小芽都长出后就一定要挪到有土壤的地方种上。空气中是不具备保湿功能的，不及时挪到土壤中，时间过长，根系会慢慢干枯，叶片上的小苗也会与叶片一同枯死。

3. 把准备好的叶片插入土中

按照自己喜欢的方式将叶片平放入土面，一般来说，有平放和插入土中两种方式，对成功率影响都不太大。需要注意的是：一定要将叶片正面朝上，背面朝下。因为出芽的地方是叶片正面，放反了小芽会逆向生长，非常难受。

4. 耐心等待新生命的诞生吧

这期间不要拿到阳光下照射，叶片的水分蒸发加快，可能会耗费掉哺育新生命的营养哦！放在弱光的环境下就可以了。也不要浇水，如果室内通风环境不好，很容易引发霉菌生长，导致叶片发霉腐烂。叶片本身就含有非常丰富的营养和水分，你要做的就是慢慢等待新生命的诞生啦！

5. 根系与新芽长出后，埋入土中并浇水

正常来说，1周至10天就会生出根系和嫩芽，这个时间会因季节、温度、生长环境、多肉品种等因素而改变，并不是固定的。但叶片超过1个月还没有生出根系与嫩芽（两者缺一不可），一般就算失败了。

长出根系后要及时埋入土中并少量浇水，此时的根系非常脆弱，长时间暴露在空气中很容易因干燥而耗掉自身水分枯萎，想再次生根就比较困难了。不要幻想多肉的根系会像蚯蚓一样自己钻进土里，虽然这样的情况也时有发生，但毕竟是少数。

将根系埋好后，露出小芽，就可以浇水了，然后慢慢挪到阳光下，最好做一些防晒措施，比如放在防晒网或纱窗、玻璃后。新生命还小的时候非常脆弱，蓄水能力也比较差，日照时间过多、水分蒸发太快不利于小苗生长，所以发现土面变干时要立即浇水。

栽种时会遇到下面几种情况：

🌱 先生根，再长叶片

🌱 先长叶片，再生根

🌱 根系与嫩芽几乎同时生长出来

多肉植物与人类一样，也有自己的个性，我们只要好好守护着它们就可以了。

6. 叶插苗的后期养护

嫩芽慢慢长大，会消耗用于叶插叶片的营养，叶片会慢慢枯萎。在完全枯萎前，请不要摘除掉，等到彻底干巴巴后再摘掉吧！对于嫩芽来说，这可是一个宝贵的"大粮仓"。

随着"幼儿园"肉肉慢慢长大，可以适当增加浇水量，也需要增加日照时间，当水分足量且日照充分的情况下，小多肉会生长得非常健康饱满。如果缺少日照，小多肉依然会拔高徒长，并且叶片很容易碰掉，非常脆弱。

🌱 缺少日照徒长拔高的情况

叶插过程中也有很多中途失败的情况，叶片透明化（化水）、叶片黑化（霉菌感染）、发霉、干枯等。遇到此类情况，一定要优先处理发霉和发黑的叶片，这些都附带有霉菌，很容易感染其他叶片。

🌱 叶片透明化（化水）

🌱 叶片黑化（霉菌感染）

使用玻璃器皿养护后期会生长得更快，玻璃器皿保湿与保温性能更强，能制造出简易的温室环境，所以生长得更快。切忌拿到阳光下暴晒，非常容易晒死晒伤。生长到一定大小后，要挪出来换大一些的花盆，以利于后期生长。

暴晒一天后的叶插小苗

喜欢群生效果的花友可以尝试把同种类叶插在同一个花盆里，爆发起来相当惊人！叶插是一个漫长的过程，与播种时间差不多，从叶片发出新芽到长成成株最少需要1年时间，下图是叶插六个月的苗。

姬胧月

女雏

适合叶插与不适合叶插的品种

并不是所有多肉植物都可以叶插，而且因品种不同，成功率也不同。

适合叶插的多肉植物有：虹之玉、白牡丹、姬胧月、乙女心、石莲花属、景天属……

不适合叶插（较难叶插或不能叶插）的多肉植物有：蓝松、熊童子、黑法师、钱串、青锁龙属、莲花掌属……

二、扦插

前面介绍的"叶插"对大家来说也许比较新奇,"扦插"就很常见了。庭院里的月季、玫瑰、铁线莲、葡萄、各种果树……太多太多的植物都可以用扦插进行人工繁殖。花农们常说的"插条"、"插扦"也都是这个意思。这次,只是主角变成了迷你可爱的多肉植物,相对来说,多肉的扦插更容易,成功率更高。不过万变不离其宗,方法还是一样的。

初期准备工作

◆健康的枝条
◆干燥的土壤
◆花盆及其他园艺工具

注意事项

◆扦插用土与叶插几乎相同,没有太多要求。2份泥炭土、1份颗粒石子与沙子混合物即可,也可按1:1的比例配制。
◆对花器的选择也没有太多要求,依照个人喜好而定。

扦插步骤

1. 选枝

首先选择植株上较为健壮的枝条,从叶片间距较大的枝干处剪下,有时枝干上已经长出了气根,这样就不需要在土壤中重新生根了,更有利于扦插,成功率也会增加。

虹之玉锦

熊童子

某些已经剪下来的枝条还可以进行二次扦插，这需要根据自己的养植经验来判断，不过大多数容易繁殖的多肉都是可以进行二次扦插的。枝条上的叶片也是可以取下来叶插的，这是一个鱼和熊掌兼得的方法。因为扦插的枝条有很长一部分会插入土中，如果携带叶片一同埋入，很容易造成叶片腐烂化水，滋生霉菌。

2. 剪下枝条的处理

刚剪下的枝条需要晾干伤口，待伤口愈合后再种入土中，就如同人的皮肤被割伤一样，受伤后直接接触土很容易受到细菌感染，导致伤口化脓。多肉也一样，等伤口完全愈合再栽种可以增加成功率。另外，还可以采取紫外线杀菌的办法，将剪下的部位面对太阳晾干，这样伤口会愈合得好一些，比使用药物效果好多了。当然，日照强度不能太大，要做一点防晒措施，不然直接就晒成肉干了。

不晾干伤口直接扦插也是可以的，不过腐烂的几率会高很多，就算生根成功，后期生长也会较其他多肉慢很多，就像大病初愈一样。所以，剪下来的枝条最好都晾干一阵，这个时间有时2~3天甚至更长，都没有关系。一些习性强健的多肉还会在晾干不久后直接生出根系，这样的多肉直接种上喷水就可以了。

晾干伤口

3. 扦插及插后处理

与叶插大致相同，扦插种好后放在光线明亮的位置就可以了，可以立即浇水，少量浇水即可。以后根据土壤干湿度，少量频繁地浇水就可以啦。春秋季节正是多肉植物的生长季，生根速度会比较快，如果土壤搭配合理，一周就能生根。慢一点的两周至20天也差不多生出根系了。切记不要因为着急而经常扒动查看。

根系生出后就很好养护了，这时可直接挪到有日光直射的地方，良好的通风、温暖舒适的温度，加上土壤中足够的湿气，会生长得非常快。扦插剪掉的地方也是会长出新芽的，运气好还能爆出多个头来。小苗挤一点也没关系，不用管它们自己就会长大啦。

注意：如果选在冬季低温时扦插，生根会非常慢，有时一个月都长不出根系，这种情况一定不要浇水，不然很容易烂掉。

扦插的其他好处

生长多年的老株或因缺少光线而拔高徒长变得十分难看的肉肉，都是扦插的利用对象。另外，因为浇水不当、夏季高温而导致的腐烂变黑等情况，也都可以利用扦插来重新补救。另外，某些特殊品种必须通过扦插来塑型才会好看，如果不进行修剪，生长到后期很容易因枝干木质化、营养供给不足、易感染各种真菌和白粉病等，导致根茎部分慢慢老化死亡。不过好在多肉的生命力顽强，大多数根茎部分已经死亡的肉肉，又能从新枝上生出根系，这是它们给出的"信号"，立即剪下来扦插吧！

1. 一头变多头

被剪掉的部位会慢慢长出新芽，这也是分头的好方法。原本是一头的多肉植物，扦插后一般都会生出2~3头，有时甚至会爆发出5~6头。所以，虽然多肉本身生长缓慢，但在大棚里繁殖速度是相当快的。

2. 塑型

扦插是多肉植物塑型非常重要的一个手段，想让最普通的多肉长出别致的姿态，很多时候要通过扦插才能完成。了解品种及习性后，根据后期生长情况，预先设想好造型，再用剪刀把多余部分一点点剪去，同时还要考虑剪去部分后期生出的新芽是否会影响造型本身等。总之，是扦插栽培中相当有趣的一个环节，大家可以多多尝试。

火祭

火祭

160 和二木一起玩多肉

珍珠吊兰的扦插

有些多肉必须通过扦插来繁殖，珍珠吊兰（佛珠）就是其中之一。它的叶片有两种形态，一种类似水滴，另一种是圆圆的。这是一种生长迅速、好养护的多肉，容易扦插，通风良好且凉爽的环境下长得非常快。

不过国内南方地区夏季温度太高，很多花友在繁殖时抓不准方法，屡试屡败。在夏季如果发现枝条有干瘪现象或者根部干枯腐烂，一定不要犹豫，第一时间将健康枝条剪下重新扦插。千万不要抱有珍珠吊兰会自愈的心态去等待，一旦错过最佳时机就会整盆全部死掉。

珍珠吊兰的用土以颗粒稍多的效果较好，比例是：颗粒2份、泥炭土1份，或者颗粒3份、泥炭土2份。

扦插方式主要有两种，一种是剪下枝条后平铺在土面上，再撒上一层薄薄的土壤，覆盖住茎杆部位。这种方法适用于枝条较少的情况，可以使枝条从多个生长点长出新芽，虽然需要一些时间，但爆发后很快就会长满一整盆。

 情人泪

另一种就比较常见了，适合枝条较多的情况。直接剪下枝条，将切口埋入土中，剪取枝条时注意选择截取点附近有凸状根系的，这样成功率高，能加速生根。

枝条埋入过浅很容易露出来，埋深些是没关系的。它的生长非常特殊，会从一根枝条的多个点生出根系。先将土壤填满至2/3的样子，再一根根地将枝条插入土中。盖上土壤，就算完成了。

为了美观，在露出土壤的地方还可用较短的枝条进行覆盖，用小镊子将枝条插入土中，再盖上一层薄薄的土壤即可，后期枝条会将花盆中带有土壤的部分全部长满。

以上两种扦插方式最好都在春秋季节进行。盖好土后可以立即喷水（珍珠吊兰习性强健，扦插后立即喷水也没有关系），切勿直接浇水，也不要拿到阳光下暴晒。放在光线明亮、通风良好的地方就可以了。根据天气情况5天至1周后就可以正常浇水了，一次性浇透即可。

Part5 多肉植物的繁殖

三、分株

有些多肉习性比较奇特，新的分枝是从叶片中间的缝隙生出的，自身的根系与主体植株根系共生，并汲取主体植株的营养慢慢长大。幼苗长大后也不会脱离主体植株，会继续分出更多新枝条，成片地生长，这样的多肉我们一般用分株的方式进行人工繁殖。分株与扦插其实相差不多，不同的是，扦插的枝条大都没有根系，而分株的多肉大部分都带有根系或已经可以独立栽培了。已经爆盆的多肉，根系一般都非常强健，这样的肉肉是非常能喝水的，分株下来的单棵一般都会带有根系，存活率比叶插与扦插要高许多。这同样是一个"1变10"的奇妙过程。

初期准备工作

◆已经爆盆的多肉植物
◆足够的花盆与土壤
◆其他园艺工具

注意事项

◆盆栽用土为泥炭土1份、颗粒石子与沙子混合物1份。

操作步骤

将爆盆的多肉从花盆中倒出

将根系下部的土壤全部清理干净

这个过程不可避免地会伤到根系，不要担心，只要对多肉本身伤害不大，后期生根也会非常迅速的

　　根系清理干净后就可以一棵一棵地直接往下掰了，几乎是用不着剪刀的，选择较大一点的左右摇晃，很快就会连根系一起掰下来。选择分株的幼苗时也需要注意，太小的不要掰下来，这样的小苗必须依靠植株主体生长到一定大小后才能进行分株，因为自身太脆弱，掰下来后几乎存活不了。不过在分株时经常会遇到自行掉落的小苗，千万不要就此放弃它，给予同样的待遇，说不定也会长得很健康。

根系清理干净后就可以一棵棵直接往下掰了

可以分株的小苗

不太适合分株的小苗

　　掰下后可以根据小苗大小进行分类栽培，较大的直接入盆即可，任何花盆都可以。稍小的可以先种在较小的塑料盒里度过一段育苗期，等苗适应独立生长环境后再重新折腾。更小些不太容易活的小苗可以与其他成年苗种植在一起，也可以直接进入育苗阶段，在配土上也要多加点泥炭土。

健壮的苗　　　　　　较弱小的苗　　　　　　非常弱小的苗

　　分株时不一定将主体植株上所有的苗全部掰下来，有时可根据情况预留一部分，等生长到更大的时候再分，毕竟依附在主体植株上营养的获得会更好。另外，有的小苗生长在主体植株的叶片中，想掰下就要将叶片取下许多片才行，这样的也暂时放弃分株。

　　分株完毕后直接上盆即可，没有太多要求，上盆完毕也可以马上浇水或者直接选择玻璃器皿水培，都是不错的选择。

　　虽然爆盆的多肉可通过分株来繁殖更多植株，但有时就让它保持爆盆的状态也是非常漂亮的，并且很难得，特别是玉露系列。这是时间的积累，岁月的体现。当然，有密集恐惧症的花友就例外了。

Part5 多肉植物的繁殖　167

Part 6 多肉植物小知识

除了为肉肉提供舒适的环境、温饱的生活,对多肉的一些小本领,你了解多少呢?它们在什么环境下会出现鲜艳的色彩、开花什么样?缀化和锦的变异是如何出现的?作为多肉发烧友,这些小知识也是必修课哦。

一、多肉植物的变色

大部分多肉植物都拥有一种比较特殊的技能——变色，这个特殊技能也是现在大家追捧的主要原因之一。多肉植物的色彩可根据四季的转变而改变，特别是春秋季，色彩变化非常大。平日绿色调的多肉可能几天之内整株变为火红色，还有一些会变为粉色、黄色等，多样的肉肉种植在一起，色彩效果会非常震撼，这也使得它们拥有一种无法抗拒的魅力。

很多不了解多肉的人认为这是人工上色或者是假花。其实真假很好辨认，只要稍微了解多肉品种就能分辨出来。花市上那些五颜六色的仙人掌与仙人球，大部分都是染色的（刺被染色），仙人掌科植物的刺大部分是没有鲜艳颜色的，不过花朵的色彩都是真实的，植物界中这种五彩斑斓的颜色是没有办法模仿的。

🌱 花月夜　　🌱 白凤

多肉植物变色的原因有很多，有的是为了模仿原生地环境（生石花类），减少自己被动物吃掉的可能；有些是因为气候改变引起植物内部色素比例变化；还有的是自身基因的原因，生来就会变色；喷药、施肥等因素也会引起变色。

不过最主要的变色因素是光照、温度与温差。

光照

用光照改变多肉的颜色是最常见，也是见效最快的。可以做一个简单的实验，把一盆长期养在室内的多肉挪到阳光充足的窗台，要不了几天就会发现叶片颜色开始变化。当然，不一定都变红，因为多肉品种非常多，每一种都有自己的特性，颜色也会有所不同。比如黑法师随着日照的增多会变成黑色，火祭会变成火红色，虹之玉锦会变为粉色，黄丽则会变为黄色等。

🌱 黑法师

🌵 火祭

🌵 虹之玉锦

🌵 黄丽

温度与温差

不知大家有没有试过，冬季或者秋末时，把一盆多肉搬到户外去挨冻，要不了几天颜色就红了（此法对多肉有较大伤害，仅用于实验，不推荐）。同样，在秋季和春季温差较大的时候（天气预报10℃~20℃），将多肉搬到户外，要不了3天，整盆多肉就会红得跟猴屁股似的。

🌵 赤鬼城

这说明温度对多肉植物的变色起到了相当大的作用。低温变色快的原因是：叶绿素不耐低温，冬季温度降低后，叶片里的叶绿素就越来越少，然后新的花色素合成，用于抵抗寒冷的天气，增强植物的抗寒能力，这是一种自我保护能力。另外还有一个原因，深色吸收光的能量更大，这点大家应该都知道吧。植物也一样，为了获得更多热量，提高自身温度，会将叶片颜色变得更深一些（作者自己的观点）。甚至有的多肉会完全变为黑色（其实更像紫黑色），不过黑色的多肉品种并不算多。

🌱 黑王子　　　　　　　　　🌱 黑法师

反之，放在室内的多肉一般处于较为恒定的温度下，这时变色就比较慢了，而且由于玻璃、纱窗等阻隔掉大部分紫外线，使得颜色非常淡雅，甚至常绿不红。这也是室内栽培的多肉以绿色为主的主要原因。所以，大家可以尝试着让植物慢慢走向户外，哪怕小小的窗台，对于这些迷你多肉来说，空间与环境都已经足够好了。

季节对多肉植物变色的影响也非常大

秋季，由于空气中的能见度增加，日照强度会增强，同时紫外线强度也会增长到全年最高峰，此时是多肉植物变色的最佳季节。细心的花友会发现，露天栽培的多肉颜色会变得非常深，有时甚至有些发暗；而大棚内的多肉颜色却恰到好处，艳丽又温和；放在玻璃窗和纱窗后的多肉颜色稍淡一些，更加素雅。这都是紫外线强度造成的。另外，玻璃也分厚薄、是否带色，这些也都影响着紫外线强度。

🌱 露天栽培

🌱 玻璃房内栽培

🌱 有颜色且较厚的玻璃窗后栽培

光照与温差同时存在，变色效果最明显

照理说夏季日照够强烈，但是夏季正是多肉植物的休眠季节，即使天天放在户外暴晒，颜色也不一定会变多少。同理，在有温差却没有阳光的阴天，把多肉放置于户外，变色效果也会非常缓慢。

前一阵发现一个非常有趣的现象，在露台上放置的一盆多肉，经过半个月的风吹日晒，整盆肉肉颜色分为了两部分。一半是绿色，一半是红色。再观察摆放的位置，原来有一根柱子正好挡住了半盆绿色多肉的光线，变红的那一半恰好能被晒到。这是多肉植物变色的最好实例。

🌱 纫锥儿

🌱 纫锥儿一半是绿色　　　🌱 纫锥儿一半是红色

这些变色方法不可取

许多花友为了让家里的多肉颜色更美，会使用一些极端的方法。如上面说的，冬季搬到户外挨冻，春秋季节直接放到户外暴晒，甚至还有的夜间拿到冰箱里，第二天再拿回到户外暴晒，以造成巨大温差来使肉肉变色。特别是春秋生长季节，许多花友为了让颜色更漂亮，采取断水的方式。这种方法的确能让颜色更漂亮，但具有一定伤害。春秋季正是多肉生长的最好季节，应该使劲浇水才对。如果错过了，不但生长速度会减慢，还得有很长一段时间的状态恢复期。

还有花友在使用兑水药物后发现多肉植物变绿，误认为是药物的原因造成。其实变绿说明植物还在生长，浇水后植物能吸收掉水分，这属于正常现象。变色大部分因素是由于"胁迫性"造成的，并不代表植物够健康。并且大家新捧回家的肉肉大部分来自大棚，都是温室中的小苗，不论抵抗力还是根系都非常差，经不起这样的折腾。大家在栽培时一定不要急于求成，生长2年后的老株已经适应本地环境，并且各方面能力都比较强健后就没事了，季节一到它们自己就会变得非常美丽。

　　日本与韩国的多肉植物色彩非常漂亮，而且大部分都是露天养植，并不需要太多管理，许多普通品种颜色与中国的差异却很大。其主要原因也是环境因素，并不是品种不同，同样的品种在不同环境下状态都不一样。只要我们尽量还原植物的原生环境，同样能养出美丽动人的多肉！

二、多肉植物开花

多肉植物也会开花，虽然它们本身就像一朵花。其花朵形态也千变万化，有非常娇小的，也有带香味的，还有的花箭会冲向天空，开出巨大的花朵吸引动物。

🌱 鲁氏石莲花

多肉植物大多生长在干旱地区，相比其他植物来说，各种生理反应都更加缓慢，开花时间也就跟着延长了。有的多肉甚至几十年才开一次花，积攒一辈子的能量就在开花瞬间全部释放出来，然后植物主体死亡。

🌱 芙蓉雪莲

有时需要剪除花箭

多肉植物在开花时会消耗大量能量,只要到了春季,即使状态不好的多肉也会长出花箭,而且很多到最后开不出花就直接枯萎了,白白流失了能量。所以,如果植株本身不够健康或者状态不好,可以在花箭长出时就立即剪掉,避免能量的损失。

剪花箭时千万别伤到旁边的叶片,大部分花箭从叶片中间长出,修剪时如果位置太靠里很容易划伤叶片,选择距离叶片较远的位置剪掉就可以了。剩下的花箭枝干不用理会,随着时间流逝会慢慢干枯掉、自行掉落。也不要去用力扒动花箭,很容易伤到肉肉。

生长健壮的多肉植物每年春季会生长出大量的花箭,并且开出健康的花朵,这些花朵都是可以授粉繁殖的。不过大部分是不能同株授粉的,想结种子就需要进行人工授粉了。

Part6 多肉植物小知识　177

剪下来的花箭在自然环境下最少能保存2周至1个月，有时甚至可以保存2个月之久。可以像切花一样插在花瓶里，倒上一点水就可以了。也可以将花箭直接扦插到土中，部分肉肉的花箭是可以通过扦插繁殖出新生命的哦！

还有一个细节可能很多花友都没注意，石莲花的花箭开花时会有很多小叶片，这些都可以摘下来叶插。而且叶片因为汲取了植物主体的大部分营养，变得很健壮，叶插成功率非常高！

花箭伸长时小心虫卵

石莲花属的花朵大致相同，不过大片开花的时候，一棵冒出4~5枝花箭也是非常壮观的！花朵颜色也有好几种，常见的是黄色，无香味。这类花的花箭一般都很长，因为石莲花大多是贴地生长的，不易被发现，花箭伸长是为了更加醒目以引来昆虫授粉。

需要注意的是，虫子最喜欢躲在叶片中心产卵，在花箭生长出来后，很多虫卵都会在授粉的同时被带入花箭的花朵上。所以春秋季虫子爆发阶段，也要仔细检查花箭上是否有虫，如果发现立即剪掉。蚜虫和白色的介壳虫最爱出现在花朵中。

多肉开花大比拼

黑王子：平时看起来黑黑的，不太起眼的样子，开花却非常惊艳，花箭最长能超过30厘米，顶部开出一大片红花。开花过程相当缓慢，一般来说，从出现花苞到开花需要3个月左右时间。这段时间也需要积攒大量营养，这难得一见的美景一定要好好欣赏一番。开花后的黑王子非常脆弱，后期不好好养护还是会死掉的，其实只要每天给足3小时左右的日照，并且供给少量水分就可以了。

石莲花：有些石莲花会生长出形状不同的花箭，很多花友会被这种花箭误导，以为是肉肉新长出来的分枝。虽然初期叶片状态非常像分枝，但95%以上最终都会长成花朵。当然也有5%的可能是新枝，目前为止，我只遇到过一次，而且正在家中生长着。

白凤

鲁氏石莲花

瓦松属： 多肉植物中，瓦松属是比较特别的，这类肉肉在开花后会死掉，但正如很多电影里经典的台词一样"死亡并不是结束，只是个开始。"枯掉的花朵中夹杂着无数种子，来年春天种子会自播，然后在同一个地方生长出更多可爱的小瓦松来。

野外的瓦松属多肉都是可以自播的，但拿到室内或阳台栽培时，就不一定能授粉成功了，室内环境会大大改变多肉的习性。常见的也是大家最喜欢的多肉植物之一——子持莲华也属于瓦松属，开花后死亡。为了避免可爱的"子持"死掉，发现花苞就要立即剪掉。不过剪掉也不一定能完全防止开花，新长出的小芽有时也会重新生出花苞，继续开花旅程，这时就要不停地修剪防止其开花死掉。

瓦松

子持莲华

Part6 多肉植物小知识

番杏科： 这类多肉开花也非常漂亮，最常见的就是生石花，一年中只在春季开花，原生地位于非洲南部地区纳马夸兰，开花时呈大片，五颜六色，非常壮观，也常被称为"非洲的后花园"。

同种类的四海波、黄花照波、鹿角海棠等开花也非常漂亮，以黄色花朵为主。其中有一种被称为"芳香波"的，会在傍晚开出黄色花朵，并散发出清淡的香味，一点也不腻人。卧室窗台只需开出4~5朵，整个房间都会清香无比。

🌵 彩虹菊（摄于上海辰山植物园）　　🌵 黄花照波

🌵 四海波

紫弦月：有的多肉花朵非常小，但颜色恰到好处，"紫弦月"就是最好的例子。自身叶片为绿色，充足的日照让叶片转变为紫色，却能开出大片黄色花朵，这种强烈反差也非常美丽。

多肉植物开花并不罕见，也无需奇怪，这是正常的生长现象。大部分多肉开花还是很值得一看的，而且花朵持续时间久，可以慢慢享受这份独特之美。

"美丽莲"的花朵

"球兰"的花朵

"姬红小松"的花朵

"蕾之塔"的花朵

三、气根

气根是暴露于空气中的根，常见于热带雨林。气根具有呼吸功能，并能够吸收空气中的水分，有些木质化的气根还能起到支撑作用。这些根系是由于植物周围的环境发生变化或者为了适应周边环境而出现的。

空气湿度大的信号

大部分多肉植物都会出现气根，特别是景天科。这种根系并不会长期存在，会因周围环境、空气湿度变化而改变。家里的多肉如果出现"气根"，就预示着一个重要信息——空气湿度太大。

一般来说这是个好现象，说明植物还在正常生长着，并没有因为土壤或者其他因素而停止生长。不过这个信号还是需要注意的，因为大部分多肉植物比较耐干旱，忌过多水分，如果出现了气根，就要注意那些对水分特别敏感的肉肉，很可能花器里水分过多，底部根系已经腐烂坏掉。由于根系呼吸不到空气，只好生出气根来。如果确定是这个问题，就要挖出来重新修剪根系，去掉那些老化腐烂的部分。严重的更要连根系一同剪掉，然后重新扦插。这些都可通过植株状态及土壤的干湿度来判断，如枝干是否变黑、叶片是否有褶皱、土壤是否太过湿润等。

虹之玉与虹之玉锦这两种景天属多肉非常容易出现气根，也很容易因土壤中水分过多而出现涝害。但即使土壤中的枝干已完全腐烂，土面以上的枝条都还能够依靠气根继续生长。如果发现它们生出许多气根，并且叶片有些褶皱或者变软，肯定是土壤中的枝干已经腐坏。这时就要立即剪掉重新扦插了。

🌱 虹之玉锦

🌱 若歌诗

🌱 钱串

用气根支撑主体枝干

除了上面的作用外,气根还有许多其他用处,对植物来说也是至关重要的,特别是支撑型气根。对多肉植物来说,迷你的身材是比较正常的,但生长多年后,顶部长出的叶片与新枝越来越多,必然会给主体枝干造成压力。许多多肉都存在一个问题,大部分营养都分布在新枝与叶片上,主体枝干多年后变得又细又长,时间过长难以支撑植株整体。为了防止被压塌,肉肉又进化出了新的技能,那就是利用气根来支撑主体枝干。其实这个现象在许多别的植物上也能见到,如南方的榕树。

从气根变为支柱是需要很长时间的,首先根系会从土壤以上的枝干部分生出,再慢慢向下生长,钻入土中,然后气根会木质化,变得非常坚硬,最后变成一根可靠的支柱。"清盛锦"就是最常见的利用气根来支撑植株主体的多肉植物之一。

🌱 清盛锦

特别喜欢生出气根的多肉

会出现气根的多肉品种很多，不过也有特别喜欢生出气根的家伙，使得我们有时很难判断这盆肉肉的生长状态如何，所以也就任其生长了。经过观察发现，景天科景天属的多肉植物气根生得最多，经常会大片爆发出来，也许这也是它们生长速度快于其他肉肉的原因之一吧。

发现这些气根时，完全不用理会，更不要剪掉，这都是利于植物生长的根系，剪掉可能会起到反作用。倒是可以利用气根，将带根的一段剪下重新扦插，这样就不用再单独生根了，成功率会高于那些无根扦插的肉肉。

这类气根的出现是多肉植物在亮绿灯，不用紧张。

虹之玉锦

塔松

乙女心

四、缀化和锦
——多肉的变异

玩多肉的人一定不止一次听到过这两个词：缀化和锦。这是多肉植物的一种变异现象，变异后的多肉更加特殊，有的看起来也更漂亮。特别是锦斑化后的多肉，可以在叶片上同时出现两种颜色。当然，这些品种数量比较稀少，因不易繁殖、生长较慢等，它们的观赏价值更高、更珍贵，价格往往也比普通品种贵很多。

花月锦

女雏缀化

爱染锦

缀化

指植物中常见的畸形变异现象，属于一种"形态变异"。

多肉植物缀化的主要原因是受到了不明原因的外界刺激，包括浇水、日照、温度、药物、气候突变等因素，植物的顶端生长点异常分生、加倍，而形成许多小的生长点，这些生长点横向发展连成一条线，并最终长成扁平的扇形或鸡冠形。

其中因"叶插"而生成的缀化现象比较多，几率较其他因素大很多，大家可多尝试叶插看看。右图分别是"灿烂"与它的缀化品种，非常鲜明的对比，"灿烂缀化"的叶片已经明显改变。

🌱 灿烂缀化

🌱 灿烂

另外，缀化后的多肉还有一个有趣现象，从缀化的植株上剪下部分再重新扦插，有可能转变成正常的多肉，甚至有的已缀化多肉植株上会长有正常的植株，两者同时存在。将这些缀化植株上的正常叶片小苗剪下扦插，长大后并不会长成缀化品种，而是长成普通品种，非常有趣。

不过由于是变异品种，各方面能力都会下降，扦插的成功率也会小于普通品种。在平日的养护上也要更加注意，尽量少挪动。

🌱 灿烂缀化枝条上的正常灿烂小苗

锦

常被称为"锦斑",属于植物颜色上的一种变异现象。锦斑变异是指植物的茎、叶等部位发生颜色上的改变,如原本植物主体颜色为绿色,而后发生锦斑变异现象,从叶片中心或者边缘生长出白色或黄色的斑纹。大部分锦斑变异并不是整片颜色的变化,而是叶片或茎部局部发生颜色的改变。相对于原植物主体颜色来说,锦斑变异后的颜色更多,更具观赏性,因此也比较受欢迎。

其引发变异条件与缀化大同小异,浇水、日照、药物、气候突变等都可能造成锦斑化。不过锦斑化后的多肉也有自己的特点,比如可以扦插或者叶插,对已锦斑化的肉肉进行繁殖。当然,也有一定可能会把带有锦斑的多肉养回正常颜色,不确定因素更多。

这类知识是有专业学术论证的,有一篇岩鸣大师的文章《关于多肉植物锦化机制的论述》,大家如有兴趣可以找来看一下,不过这个属于专业性较高的文章,适合"挖坑深埋"的多肉爱好者研究。

下面分别是莲花掌与莲花掌锦(也被称为中斑莲花掌)的对比,获得锦斑后,从单一的绿色变为绿白色两种,更加漂亮。并且莲花掌锦新生的叶片与新的分枝都带有白色锦斑,但不一定能一直不变地保持下去,同样有可能因一些外界因素而转变回普通莲花掌。

🌱 莲花掌

🌱 中斑莲花掌

许多朋友喜欢收集锦斑类的多肉植物，特别是某些品种会出现多种颜色的锦斑化。熊童子就是一种能多色变异的品种。分别有"白锦"与"黄锦"，不过两者有时从颜色上很难区分，一般都按照锦斑所产生的位置来区分。白色锦斑一般出现在叶片的周围，黄色锦斑一般出现在叶片中间。有时黄锦与白锦也会互相转变。

 熊童子

熊童子白锦

锦斑化还有一个特点，叶片颜色的改变代表着叶绿素的减少，而叶绿素是光合作用的主体，这样就使得植物从阳光中汲取的能量减少。所以多肉锦斑化后，生长速度比普通品种要慢很多，繁殖能力也会大大下降。甚至有的肉肉会完全白化锦斑，类似白化病，最后因叶片没有叶绿素可进行光合作用而死亡。

还有的会出现锦斑假象，如下图的"花月夜"，看起来非常像锦斑化了，但实际是因为长时间放置在户外暴晒而导致的叶片晒伤。不过，这种外界因素也有一定可能产生锦斑化，对于这种状态不放弃，常常会有惊人的发现。

花月夜

Part 7
花器选择与组合搭配技巧

俗话说"人靠衣装马靠鞍"。一款合适的花器，不仅能让多肉长得更好，视觉效果也会大大提升。而且不同材质有着不同的特点，最好根据所处环境，选择最适合自己的那款。

多肉组合盆栽（也叫多肉组盆或拼盘）是目前比较流行、也是多肉爱好者非常热衷的。本章精选了几种多肉组盆DIY，很适合大家尝试。同时希望能抛砖引玉，花友们在了解多肉习性的基础上可以发挥想象力，拼出自己的理想作品。

一、陶类花器

粗陶

粗陶花盆介于红陶花盆与陶瓷花盆之间，拥有红陶的透气性，又具有陶瓷的保水性，非常适中，并且外观更漂亮。在我看来，粗陶是目前的花器中最适合多肉植物生长的，也非常适合摆在室内。古朴、简单、素雅的风格，不论搭配什么多肉，都能让原本简单普通的肉肉变得更有韵味。

金辉

春之奇迹

巧克力兔耳

粗陶花盆大都体型较大，特别适合生长多年的多肉老桩，摆放在庭院和阳台也不错，可以增添一些新的元素。相比其他花器，在同样的植料配制和环境下，粗陶花盆内的多肉生根速度更快一些。我做过实验，一棵一年以上的健康多肉换到粗陶花盆后不到20天，根系就已经长到花盆底部了（盆高20厘米）。所以这系列花器也是我花园中的首选。

月影　　　　　　　冬云

爱斯诺　　　　　　绒针

不过粗陶花盆也有一些明显的缺点，第一是价格非常昂贵，因为做工比红陶与陶瓷类更复杂，并且此类花盆的需求群体较小，所以都是小批量生产，使得人工及工艺成本提高不少。二是重量超越了其他各种花盆，几乎与石头类的花器一样，非常重，如果异地购买，运费是一笔不小的开支。如摆放在阳台，一定要注意安全，尽量选择小一点的或者摆放在比较安全的位置。

新玉缀　　　　　　黑法师

Part7 花器选择与组合搭配技巧　195

红陶

红陶花盆已被广大多肉爱好者膜拜为神器花盆，其实这也要看使用地点的气候及环境。正常来说，国内北方地区本身就比较干燥，在一些通风环境特别好、日照充足的地区使用红陶花盆反而不利于管理，甚至需要每天浇一次水。而南方地区梅雨季节较长，并且阴天及闷热潮湿的时候较多，特别是夏季温度特别高，在这些地区使用红陶花盆的效果就非常好。

如果不考虑管理方面，红陶花盆的确非常出众，特别适合新手使用。自身超强的透气性在春秋季节通风较好的情况下，1~2天就能完全干透，甚至在多肉休眠的夏季也可以频繁浇水。

红陶花盆也拥有较多的款式，包括适合方阵摆放的方形花盆。虽然色彩远远比不上陶瓷花盆那么丰富，不过自身的红砖色也是很符合园艺特色的，基本属于百搭型。

透气性太好也是一个缺点，因为干得太快，会使土壤中的水分迅速干透。土壤长时间处于干燥状态会使根系也出现干枯情况，影响吸收，这也是红陶花盆栽培的多肉生长普遍较慢的原因之一。对小苗来说，是不适合在红陶花盆中栽培的。我做过实验，同时叶插的小苗，半年时间，红陶盆的只有2~3厘米，但是塑料与陶瓷花盆栽培的却有4~5厘米。特别是玉露系列比较喜欢水分的多肉，如果使用红陶盆栽培，很容易出现脱水情况。

另外红陶花盆还有一个缺点，栽植时间过长，花盆表面会泛出白色的盐碱，非常难看，并且会随花盆上的红陶渣一起掉落，很不适合摆在室内。不过这也能当作一个优点来看，盐碱对植物是有害的，如果使用陶瓷或者塑料花盆，盐碱会残留在土壤中，只有靠浇水从花盆底部的空隙流出，而用红陶盆则可以从盆壁渗出了。

🌱 紫弦月

🌱 十字星锦

🌱 紫弦月

陶瓷

陶瓷花盆是目前使用最多、最广的。各式各样的形状、多变的色彩、花盆本身易清理，再加上较为适中的价格，是大家喜爱它的原因。用它栽培多肉植物，具有非常好的保湿作用。植物都是依靠水分生长的，花器具有适当的保湿作用，对生长期的多肉是非常有利的，生长速度会明显快于其他花器中的肉肉。

陶瓷花盆靓丽的色彩也是其他花器比拟不了的，特别是白色调的白瓷花盆，种上多肉立马就体现出小清新的感觉，光滑的瓷面非常容易清理，几乎不会出现污痕。很适合摆放在室内或窗台，放在办公室也是不错的选择。

火祭

玉龙观音

陶瓷花盆独特多样的造型也使多肉有了更多的选择，就算是普普通通的方形陶瓷花盆，多个摆放起来感觉也很不错。

缺点主要是夏季风弱闷热时不够透气，容易因浇水而引起闷热潮湿的环境，导致多肉被闷死或者烂根，不太适合新手栽培。不过只要控制好浇水，放置在户外，防止直接被雨水淋到等工作做好后，多肉并不容易死掉。

尽量少使用无孔的陶瓷花盆，如果实在要用，一定要定量浇水，并在花盆底部垫上一层石子作为隔水层。

陶瓷花盆也非常适合迷你多肉组合栽培，能充分体现它们的美丽。现在大部分以多肉植物为主题的实体店铺都是以陶瓷花器为主打，将不同的多肉栽培在同一陶瓷花器中，以达到混植小清新的感觉。只要选好合适的陶瓷花器，大家自己动手也是可以完成的，在了解多肉植物习性的基础上，也能组合栽培出一盆既漂亮又能保持较长时间的多肉。

二、塑料花器

塑料花器在园艺中被广泛使用，优点也非常多。透气性虽比不上紅陶类花盆，但由于自身材质较薄，水分挥发速度也是相当快的，要略强于陶瓷花盆。与其他材质花器相比，更容易买到，价格也便宜，有多色多品种可选择。最大的优点就是轻巧，用于垂吊的花盆大部分都是塑料的。

外型虽比其他花器稍逊色，但大众化的造型更为多数人接受，低廉的价格与轻巧的盆体是其他花器代替不了的。花盆的型号很多，大小可以任意选择，完全可根据自家的空间情况来安排摆放。特别是方形小花盆，易于摆放且节省空间，还可以套放在其他篮筐或花器之中。

塑料花器的保水性很强,有利于小苗的初期生长,加上各种型号都有,被花友广泛用于初期多肉小苗的栽培。特别是叶插一类,使用塑料花器来繁殖,效果非常不错。

塑料花器缺点不太多,因为它本身非常大众化,在各方面都比较出众。唯一不足的是国内目前生产的很多质量不过关,使用时间不长。而国外进口的如日本爱丽丝花盆,价格又偏高。

特别需要注意的是,国内目前有许多仿石材的塑料花器,其原材料是石粉与各种胶黏合压铸而成,材质与塑料相差不多。制作出来的花器都非常精美,就像石头雕刻的一样,很适合摆放在庭院里。不过这种花器因为制作过程中加入了各种胶,毒性很大,也常被大家称为"毒花盆",不管种上什么,要不了多久就枯萎了。大家选择时一定要注意,不要盲目贪图好看。

三、木质花器

这类花器适合摆放于庭院与露台，具有独特的韵味。木质花器一般都比较大，并且容易腐殖化，不太适合摆放在室内。经过特殊处理的木桩或者老木雕倒是可以放在室内。

木质花器自身透气性好，既可以买现成的，也可以DIY。取材也容易，几乎不需要太多成本，很容易改造。花器一类的木箱、木盒可以用废弃的木板改造。常见的红酒瓶盒、废旧木板材等，稍做加工就可以变成一件漂亮的花器。还可以利用枯木树桩等，是非常难得的园艺元素，效果惊人。木质花器是DIY首选之一，搭配多肉植物后，花器与植物融为一体，更具灵气。

但是它的缺点也令人头疼，就是容易被腐蚀，在户外使用一年以上基本就报废了，放在通风不好的地方还容易发霉。如果想用得久一些，可以刷上清漆与桐油，刷完味道会比较大，一定要放在室外通风1个月以上才行。当然，放置于庭院中的复古做旧系列的木制花器，被腐蚀后反而更漂亮。

DIY多肉植物木桌

这个创意源自美国的一位多肉植物达人，当地气候非常适合露天栽培多肉植物，能够全面展现出多肉的美丽。木桌不仅可以放在院子里看书、喝咖啡，也可以当作多肉植物工作台来使用。独特的花槽设计使植物与桌子之间的距离缩短到最小，融为一体。

木料

选用装货的木托盘，可以在物流站的货运公司买到或者要到，特别是那些二手的废弃木托盘，都可以使用。桌子的支柱用木托盘两头的木方来制作，桌面则用木托盘上的板材。

工具

钉子、锤子、清漆或桐油、丙烯颜料、刷子、砂纸、钢锯、手套。

1. 第一步工作就非常辛苦，需要将木托盘上的木板全部敲下来，还要将木块上的所有钉子都拔掉。拔钉子时要尽量小心，避免伤到自己，也要避免将木块弄裂。

对于非木工专业的人来说工程量还是蛮大的，一定要做好保护措施，带上手套，避免被木刺和钉子划伤。

2. 完成第一步后可以将所有的木板与木桩摆放一下，看看材料是否充足，桌子大小及桌腿是否都整齐，如果桌腿不齐还要用钢锯锯掉。不过一般木托盘上木桩的长短都是一样的，只是比较粗糙，需要打磨一下，木匠一般都是使用工具削磨的，咱们用砂纸打磨一下就足够了。

3. 打磨完毕就可以钉装了，这一步比较麻烦，一个人完成不了，必须两人协力完成。因为要先从桌腿开始钉，还要不停地对比高矮，最好用铅笔或者记号笔画好位置，然后照着钉。整合桌子框架是最难的部分，也是最重要的。如果有条件，还可以用气钉枪多打些钉子加固。

桌面相对来说就容易多了，只要桌腿稳固，桌面摆放好后挨着往上钉就可以了，这一步需要将花槽部分预留出来，留出一块木板的空隙即可。

4. 花槽底部也是比较好处理的，首先用一块打磨好的木板直接从桌子底部钉上，再找来两块木板对比一下长短，把多余部分锯掉，使两块木板刚好能放入卡槽位置。再从旁边上下钉入两颗钉子，以稳固两块木板的位置。

　　这时底部难免会留出缝隙，这没关系，浇水后多余的水分正好可从缝隙流出，对多肉这样害怕积水的习性，这个缝隙是非常好的。也不用担心土壤会从缝隙中漏出，只需在花槽底部垫上一片纱网或者麻布即可。

5. 再回到桌子的正面部分，现在就剩下花槽两端的空隙部分了，这部分最好使用之前锯下来的多余木板给填上，不然非常不美观。对照好大小后用钢锯锯好，钉上即可。只要表面与其他木板一样平整就算完工了。

6. 上色这步可根据自己的爱好而定，不用上色最好，可以直接刷上桐油，颜色也很漂亮。如果想要白色或者比较纯正的蓝色等，可以去买专用的油漆来刷。当然，如果家里有那么一点的丙烯颜料，也是可以用上的。这些原始的木板吃水还是很厉害的，特别是丙烯颜料这样兑水后的染料。刷完后一定要晾上1~2天，彻底干透后再上清漆。如果刷完颜料后立马刷清漆，会出现许多气泡，使桌面变得很不平整。

上清漆或者桐油是很必要的一步，特别是木桌以后摆放在庭院里的，上漆后能增加使用年限，减缓自然界对木桌的腐蚀性，清漆还能将桌子更加稳固地固定住。不过清漆的味道非常大，刷好后最少要露天放置1个月以上才能使用，这之前一定不要种花种草，不然会被熏死的。

7. 最后的栽培工作就很简单了，先用麻布或者纱网将木桌底部遮盖，然后装满土壤。再选择一些不太容易爆盆且特别喜欢日照、抗晒抗热的多肉植物，特别是石莲花属与景天属的，种上后基本不会破坏木桌的初期造型。自身的超强适应性也能抵挡住夏季日照的暴晒及露天环境下的瓢泼大雨。

在庭院中摆放一张带有植物的木桌，是不是更符合主人的园艺风格呢？

品种搭配

（1）薄雪万年草	（6）红稚儿	（11）黄丽	（16）姬星美人
（2）初恋	（7）蛛丝卷娟	（12）白凤	（17）白花小松
（3）紫牡丹	（8）吉娃莲	（13）观音莲	
（4）绒针	（9）姬胧月	（14）灿烂	
（5）塔松	（10）黄花照波	（15）红粉台阁	

四、藤类花器

　　藤类花器在国内使用的还比较少，国外早已广泛使用。这种材质抗腐蚀性稍强于木质，透气性好。在庭院中悬挂或者摆放也比其他花器更抢眼，因其自身相对较大，很适合制作小型的造景。藤编篮筐很常见，价格不算贵，款式也多，DIY多肉植物组合是非常不错的。缺点与木质花器相似，使用1~2年后会腐蚀得不像样，通风不好的环境下还很容易发霉。另外，藤编的花器缝隙都比较大，不适合直接覆盖土壤，不然很容易掉落，需要在花器上先覆盖一层塑料网或者麻布，再盖土。此类花器比较适合户外。

多肉植物画框

一次偶然的机会，我看到一个国外多肉植物专题展览的报道，里面是各种各样的多肉植物和花器，也因为肉肉强健的习性，使得任何物品好像都能被改造成专属于多肉的爱心小窝。其中，垂直悬挂式的多肉植物画框、花环系列特别吸引我。这打破了传统观念，是我们之前从没想到过的，原来植物还可以脱离地心引力来布置。

这种可以垂直悬挂的多肉植物画框拥有独特的魅力，可以挂在任何地方。当然，最好是露台或院子里，那里有足够的阳光。缺点是浇水不太方便，土壤保存不了太多水分，直接浇水后会往下流。

它的制作材料非常简单，完全不用花大价钱去购买那些专门订制的花器。只需要买回自己喜欢的藤框，稍稍加工一下就可以了。

主体材料

选择藤框就可以，藤制品耐久度比木质的稍强一些，并且容易取得，造型也较多，普通藤框在市场上都能找到，价格也不贵。如果想DIY，也可以使用铝线或者铁丝编一个，虽然铁丝会生锈，但是多肉植物长满后会覆盖住，所以并不影响效果。

其他材料

铁丝、泥炭土、干水苔（可有可无）、麻布或者密度较细不容易漏土的塑料网。

1. 将麻布或者塑料网铺在藤框底部及周围，防止土壤散落和流失。然后将泥炭土倒入藤框中，如果有干水苔，可以在最底层再覆盖一层。

2. 将准备好的铁丝编在藤框上，呈网状，主要作用是固定多肉植物，使之不会从藤框里掉出来。特别是后期土壤结成板块时，如果没有铁丝固定，垂直悬挂后，土壤会整块地从藤框上掉下来。

3. 将事先准备好的多肉植物素材种植在藤框内，需要注意，因为铁丝与土壤有一点距离，可以先用力将铁丝往下压，再用镊子挖坑将植物埋上。种植时并没有太多讲究，可以杂乱地种，也可以按照自己喜欢的形状去种，比如在画框中间种出一个"心"型。如果准备了干水苔，可在种植完毕后用它将一些空隙较大的地方填满，然后平放着浇水即可。

4.种好后不要立即挂起来,一定要平躺着养一阵,最好2个月后再挂起来。因为2个月后根系开始将画框内的土壤牢牢抓住,挂起来也不会掉落一点土壤。这是很科学的,与治理水土流失要多种树是一个道理。

画框的后期也不需要太多管理,春秋季节可以大量浇水,因为透气性太好,晴天1~2天就会完全干透。如果画框内的多肉生长太快,可用剪刀进行修剪,剪下来的肉肉还可以扦插,碰掉的叶片同样可以用于叶插。

品种搭配

(1)花月夜
(2)蒲盛锦
(3)吉娃莲
(4)初恋
(5)若歌诗
(6)芙蓉雪莲
(7)桃美人
(8)白牡丹
(9)垂盆草
(10)薄雪万年草
(11)虹之玉锦
(12)黄丽
(13)鲁氏石莲花
(14)紫珍珠
(15)塔松
(16)姬胧月

藤筐与小精灵组合

1. 找一个藤筐，藤筐很容易买到，价格也不高，以方形与圆形为主，上部都比较宽大，高度一般在8厘米左右，非常适合制作独特的多肉植物小型造景。

2. 藤筐间的缝隙多少都会漏出点土壤，底部可以用麻布或者纱网隔上一层。

3. 填好种植土。但即使有纱网也避免不了土壤的流失。其实也不用太担心，只要多肉种好后放在不常挪动的位置，待根系把土壤都牢牢抓住就不会再掉落了。

TIPS

藤筐的透水性特别强，水分挥发超快，几乎任何科属的多肉植物都可以用来作为组合造景的材料。不过也要适当选择一些不太容易爆盆的品种和群生且生长速度较慢的多肉植物。

4. 藤筐的上部口径很大，可以一次性种入许多不同的多肉植物，多种肉肉混种在一起效果是很不错的。也可以制造一些小型景观，就是另一番感觉了。栽种前先预想一下自己想要的效果，再根据这个效果来选择多肉。把准备好的肉肉安置在藤筐中预想的位置，然后开始摆放石头与摆件，直到自己满意为止。尽量少挪动，一次性栽种好对植物是有好处的，而小摆件与铺面石头一类后期可以随意改变。

不论多肉还是石头铺面，最重要的是色调搭配，组合栽培中，淡色调及单色调是不错的选择，简单的画面造出的多肉景色往往是最美的。在这盆组合中，我使用了雨花石，看起来更加凌乱，并且有石头盖过多肉的感觉。不过这只是盆栽初期，组合盆栽的优点就是可以看到盆栽随着时间增长而产生不同的变化。在后期，右下角那一片小石莲及左上角那一片照波生长起来后，就会将雨花石覆盖起来，石头就不再抢眼了。

5. 加入的小精灵摆件可以随意更换，而且不会伤到多肉，这也是它最大的优点。随着时间增长，多肉慢慢长大，组合盆栽的可变性更强，效果也会起变化。

后期管理也不用太特殊，只要土壤干透浇水即可。藤筐的透气性使多肉在生长季节每天浇水也不会烂根，非常好管理。

此类造景大家可以根据自己的喜好举一反三，特别是藤筐多变的造型与各种不同的小摆件和多肉植物，能种出不同的效果。

品种搭配

（1）黄花照波　　（4）特玉莲　　（7）花月夜
（2）黄丽　　　　（5）姬胧月
（3）女雏　　　　（6）白牡丹

五、铁艺花器

铁艺类花器比较常见，在各种花器中也占有较大的比例。优点是容易获得、价格不贵、造型丰富、容易悬挂等。目前大部分铁艺花器都被刷上了防锈漆，延缓了生锈时间，弥补了自身的不足。

缺点主要还是生锈，虽然有不锈钢、防锈漆等，但时间过长还是会生锈的。不过铁锈对植物的影响并不太大，许多人担心铁锈会连同多肉植物一起腐蚀了，其实是不会的，不必担心。

铁艺花器也是非常好的DIY素材，很适合与其他材质的元素搭配在一起，例如麻布、麻绳、椰棕、水苔等等。

DIY铁艺麻布挂篮

铁艺是一个很有趣的尝试，可以利用铁丝或铝线编出自己喜欢的园艺挂件。区别在于铁丝很容易生锈，适合庭院内做旧的园艺风格；而铝线不会生锈，始终保持亮泽，所以也是目前被广泛使用的材料之一。

1. 铁艺挂篮的制作过程相对麻烦一些，首先用较粗的铁丝做成3个圆圈，一个大的，两个小的。将两个小圆放在大圆的两边，然后固定在一起。大框架完成后就可用较细的铁丝或铝线开始编了，如果不太讲究外观，可以按照渔网的方式编。

左右两边做出一个护栏一样的网状结构，然后在里边铺上粗麻就算完工了。

粗麻可以用细线绑在小圆圈上，便于固定造型。

2. 一般来说，直接将多肉种在铺好的粗麻中就算成了，不过现在大家的追求更高了，喜欢垂直栽培。可先用剪子在粗麻上剪开几个洞。

3. 将多肉的根系直接塞进去，用土盖住稳固。稳固效果不好的话，还可以用线或者曲别针将多肉固定在挂篮上。

4. 可以根据自己喜欢的风格搭配多肉植物，密集一点也没事，后期可以修剪。松散一些也没关系，多肉植物生长速度还是很快的，要不了多久就会将花器长满。

5. 侧面栽种一排就足够了，另一边是用来靠在墙面上的，不用种。

6. 挂篮中间部分就比较简单随意了，铺上土壤后挨个种入即可，尽量不要埋得太深，不然很容易将之前种好的肉肉弄掉。

7. 品种选择上尽量选一些生长较快的景天属，或者容易拔高生长和吊兰状的。后期植物生长起来会使挂篮更加饱满漂亮。

刚种好的垂直状态的多肉一般都会头朝下，生长一阵子就会抬起头来。种好后立即浇水。由于挂篮透气性太强，从春季到秋季基本2天就会完全干透，可以3~4天就浇水一次，完全不用担心会涝着植物。摆放位置也需注意，浇水时难免会往下漏水，挂篮下面不要摆放太多东西。最好在庭院或者露台中悬挂起来，放在室内比较难管理，特别是冬季，室内通风不好，水分挥发缓慢，容易使粗麻发霉腐烂。

TIPS

铁丝与铝线都非常容易划伤手，操作时一定要带上手套，做好防护措施。

品种搭配

(1) 姬胧月
(2) 火祭
(3) 雅乐之舞
(4) 黑王子
(5) 初恋
(6) 虹之玉
(7) 黄丽

多肉植物花环

材料

网状花环（花环直径30厘米）。可以通过淘宝购买，也可使用旧电风扇的网罩改造、用铁丝铝线编制等。

植料

全部使用水苔，效果极佳！水苔非常保水，并且能够起到很好的固定作用。每次浸泡1分钟后脱水完毕就可以挂起来了，之后一个月不需要再浇水。

多肉素材

准备足够多的品种。最好各种色彩都选入一些，以景天科为主，每种色调5～6棵，共使用50棵左右。推荐色调：黄色系的黄丽、铭月；蓝色系的蓝松；金黄色系的黄金花月；红色系的姬胧月；黑色系的黑王子；白色系的白牡丹、霜之朝、丽娜莲、鲁氏石莲花；粉红色系的吉娃莲、花月夜；红紫色系的红粉台阁等。全红的火祭也很好，不过稍不注意就会变绿，而且火祭后期生长有很多不定因素，所以没有加在里面。

品种挑选也挺讲究的，以上大部分都是生长点比较固定、没有太大变动的肉肉，对后期养护及保持花环整体形状都比较有利。

1. 先浸泡水苔。

2. 把水分挤掉后放入花环。

3. 花环底部不需要再铺麻布，因为浸泡后的水苔能很好地固定在花环上，也能够固定住植物。水苔本身是没有养分的，这个没有关系，因为肉肉本身的需肥量很小，几乎可以不施肥。

4. 水苔铺好后一定要留下一部分，将肉肉种到花环中后，还需要用一些小团的水苔再固定一下。

5. 这样就制作完毕啦！刚种好的花环因为有的肉肉根系还没生长出来，最好先平放着养一个月，等根系长好并固定住水苔，就可以挂起来了。

几点提示

需要注意的是，花环只能放在阳台、露台或者花园里，窗台不太适合，室内就更不用说了。所以大家要先定位好自己的空间，看看环境适不适合，不要觉得好看就买，适合自己才是最重要的。

花环的生长需要较多的日照，春夏秋三个季节能露养是最好的，可以保持花环整体不变形。浇水方面，最好还是拿下来采用浸泡的方式，浸泡一次后一个月不需再浇水。

很多花友担心种植过密对肉肉会有影响，其实还好，只要不是放在室内，肉肉不徒长的情况下，颜色和株型都会保持得非常好，挤在一起不是更漂亮么？如果单从肉肉的健康上考虑，还是用花盆种最好。因为花环里的水苔不能长期保水，多少会有缺水现象，这样肉肉相对来说就不太肥厚。不过，大的多肉造景更多的关注点都在整体效果上，单棵肉肉的状态关注度就没那么高了。

关于品种选择方面，因为花环所需的肉肉数量较多，尽量购买10元以内的普通品种。以3~5元/棵为主，光是这些普通肉肉的色彩已经足够啦。其实花环的精彩之处就是在色彩上的搭配，大家可以根据自己的喜好制作。

六、玻璃器皿水培

什么？多肉可以水培？它们不是怕积水吗，怎么还能水培呢？

没错。大家都知道多肉自身含有许多水分，容易因浇水过多而涝死。但这并不代表不能水培，只要方法正确，水培一样能养出状态很好的肉肉来。使用玻璃器皿效果更好，通过透明的玻璃能够清楚地看到内部情况：根系状态如何、水位是否过高等，都可通过玻璃器皿来观察。

水培一般是用来让植物生根的，生根后再挪到土壤中去，这就避免了无根植物在土壤中因伤口感染等引起的霉菌病害。水培优点非常多，没有土壤会使栽培环境变得很干净，不会再出现土壤掉到叶片中不易清理的情况。管理上也更加容易，不需要每天打理，病虫害也降到最低点。特别是可恶的介壳虫，在水培的环境下，它们可什么都做不了。

水培的方式很简单，但也有一些要点，只要掌握要点，水培多肉就能得心应手。水与根系之间的距离是非常重要的，多肉植物的茎部怕积水，千万别将这个部位泡在水中，不要把茎部误以为是根系。但也不能让根系与水之间的距离太远，光依靠空气中的水分是不足以使多肉植物生长的，只能勉强保持存活状态。水位是否正确在水培初期非常重要，当健康的根系长出后，就不用这么仔细地去观察水位了。

最正确的水位。

水位太低，应适当提高水位，让上边的根系也浸泡在水中。

水位太高，茎部已接触到水分，时间过长易引起腐烂，要尽快倒掉一部分。

许多多肉的根系都不是很强健，非常短少，特别是石莲花属。这类多肉的特点是，缺水时会生出许多气根，气根依靠空气中获得的水分继续生存，过一段时间后气根就会干枯死亡，然后又生出新的气根继续吸收水分。它们不同于绿萝等观叶植物，根系是不会自己扎进水里的。水培这类多肉时更要注意水与根系的距离。

石莲花属花月夜，因为一开始根系没有接触到水，导致最底部的根系慢慢枯死，然后从植株底部又生出新的气根从空气中吸收水分，无限循环。

这样的方式虽然不至于让它死掉，但植株状态也好不到哪里去，总是处于一种固定的或者较差的状态。

将水位提高后大概半个月时间，新的根系就会生出，这时根系可以在水分中吸收养分，状态自然漂亮。

不过由于水培养分过少，后期还是不太利于植物生长的，适合短期操作。以这种方式来改善多肉的状态、驱除一些病虫害，再挪到土壤中会生长得更好。水培超过3个月，植物状态就会慢慢转变，停止生长或变得更差。在水中加入水培肥料可以稍微延长水培时间，但毕竟植物原本是生活在土壤中的，还是种回土里较好。

用玻璃器皿栽培

家里有许多用不上的水杯或者大口的玻璃碗也是可以栽培多肉的，用玻璃器皿栽培有许多好处：可以看到内部水分情况；可以将植料分层，取得更佳的视觉效果；显得更干净。

不过由于大部分玻璃器皿底部没有出水孔，养护管理比较难，一定要在底部铺一层石子作为隔水层。隔水层能防止根系长时间浸泡在湿润的土壤中腐烂，也能将水碱隔离在最底部。

玻璃器皿养多肉不需要浇太多水，干透后浇一点就可以了。也不需要太多日照，特别是夏季，一定要放在散射光处。尽量选择不需要太多日照的多肉品种，如十二卷、玉露、寿等。

七、其他花器

充分发挥想象力，观察身边的小物品，也许那就是个不可多得的多肉容器。

贝壳、海螺

贝壳与海螺比较容易获得，也可以用来栽培多肉植物。因为多肉根系相对其他绿植来说要弱小许多，一点点空间就够它们生长了。用贝壳和海螺栽培多肉，整体更加自然，充满海洋的气息。

1. 先将贝壳与海螺洗净。这一点比较困难，因为许多海螺的螺肉在最里面，不容易清理出来，时间过长会发臭。我的方法是多泡水，然后不停地清洗换水。当然，如果是海边捡来或买来内部十分干净的，直接使用就可以了。

2. 将土壤塞进海螺里即可。采用常规配置：泥炭土50%、颗粒50%。

Part7 花器选择与组合搭配技巧　223

3. 栽培过程就非常简单了，尽量选择小一些的多肉植物，将根系深埋入土中，表面不需再铺任何植料。

4. 后期管理需要多浇水。海螺与贝壳本身就不大，水分很容易挥发，而种上的大多属于小苗，在生长阶段是很需要水分的。

5. 摆放位置随意，搭配一些花盆或者花台效果会更加突出。

品种搭配

（1）姬胧月　　（5）千代田之松
（2）火祭　　　（6）吹雪之松锦
（3）白牡丹　　（7）黄丽
（4）绒针

鸡蛋壳

鸡蛋壳的用处很多，敲碎后洒在有蚂蚁路过的地方或花盆托盘里，可以灭杀蚂蚁。混在土壤中可以当营养土，特别是蛋壳里剩下的那一点点蛋清，含有非常丰富的养分，用来栽培多肉植物足够了。而鸡蛋壳本身也是可以作为容器栽培多肉的。

1. 先准备一些多肉小苗，选健壮带根、个头不是太大的，品种要选择生长较慢的。

2. 再准备一个鸡蛋托，一般卖鸡蛋的地方就有，材质虽是纸的，但因为鸡蛋壳都不需要在底部打孔，自身小巧的容积很快就会使水分挥发，所以不会产生积水而使鸡蛋托坏掉。

3. 敲鸡蛋壳也非常简单，每次用鸡蛋（生的）时从一面敲碎，将蛋液全部倒出，用剪子剪掉敲碎的地方，再用手一点点掰出想要的形状和大小。不要直接用剪刀修剪，太规整反而不好看。蛋壳内用清水冲洗一下，残留的蛋清就是营养啦！

Part7 花器选择与组合搭配技巧

4. 土壤配比：颗粒少一些，保水性较好的泥炭土比例可以加大。都准备齐全后就开始种啦！

5. 栽培方法非常简单，直接将土壤倒入蛋壳中，然后将准备好的多肉植物种上即可。

6. 如果种好后晃动得厉害，可以用土壤中松软的泥炭土块状物铺在表面固定。

鸡蛋壳非常小，多肉植物很快就会长爆盆，之前说过尽量选择生长速度慢一些的品种，这样可以让鸡蛋壳与肉肉和谐共存很长一段时间。景天科石莲花属是不错的选择，形态呈莲花状也非常漂亮，生长速度也不快，很适合这样的栽培方式。

也不用担心植物长太大会挤坏蛋壳，当肉肉生长到足够大需要换盆时，可以直接把蛋壳打碎，种到更大的容器里，非常方便。

后期的养护中可以频繁浇水，特别是生长季节，天气晴朗时2~3天浇水一次。由于蛋壳较小，每次可用固定量的浇水方式。如果放在户外，通风环境特别好，也会减缓肉肉的生长速度。

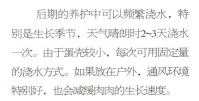

将这样可爱的多肉植物摆放在桌上,必然是一道亮丽的风景。

品种搭配

(1) 鲁氏石莲花　　(4) 丽娜莲　　(7) 初恋
(2) 白牡丹　　　　(5) 红化妆　　(8) 女雏
(3) 红稚莲　　　　(6) 星美人　　(9) 青星美人

八、组合盆栽的搭配技巧

多肉植物组合盆栽：是指把多种不同的多肉植物种在同一个容器中，形状与颜色的搭配是其精华所在。多肉的品种及颜色多样，将它们组合栽培在一起，视觉效果更加丰富，更具魅力。在国外，多肉植物混植早已广泛应用于城市绿化及家庭园艺，在气候环境合适的情况下，鲜艳的色彩能保持好几个月。其实你也可以做到：在了解多肉植物习性的基础上，适当改善环境，理想的话全年都可以呈现靓丽的色彩。

多肉植物品种不同（不同科属），习性也完全不同，所需的日照强度、水分、土壤成分比例都是不同的。在组合栽培前一定要先了解自己栽培的多肉所属种类及习性。临时组合的多肉盆栽虽然好看，但也许只能保持短短的一个月甚至一周时间，过了这段时期就会完全变样，需要重新返工。

一般来说，先要从多肉植物的"科"来分类，例如景天科、番杏科、百合科、菊科等。因为不同"科"的多肉"脾气"都不同，习性相差很大，将不同科的多肉组合在一起非常不利于管理。而同一科的植物习性则差不多。

举几个例子让大家看看各科多肉的"脾气秉性"吧！

景天科：喜欢凉爽干燥、通风良好的气候环境，春秋生长季对水分需求较多，夏季与冬季根据温度情况会休眠，生长比较迅速。

番杏科：大多生活在炎热干旱的非洲，一般在春季雨季生长并开花进行繁殖，其他季节很少有雨水，常年处于干旱状态，对水分需求很少，生长比较缓慢。

百合科：对日照时间要求不多，喜欢温暖且空气湿度较高的环境。

另外，每个"科"里还有不同的"属"、"种"，更细的还要按照"属"、"种"来分类，习性也有所不同。

许多花店与花友为了追求临时的效果，随意搭配组合，虽然初期效果不错，但很快就会变样，并不长久，只是一时的消费品。如果想长期保持优美的组合状态，了解多肉品种的习性还是很重要的，自己在平时的养护中也可以仔细观察，习性相近的就可以组合在一起。搭配对了，不光色彩与造型漂亮，还能保持这个状态几个月甚至一年。

Part7 花器选择与组合搭配技巧

最常见的例子：景天科景天属的薄雪万年草，在与其他多肉搭配栽培时效果的确非常好，但是它生长速度超快，要不了多久就会把整个花器淹没，失去组盆初期的形态。但适当改变环境，也是可以让它长时间保持较固定的状态的，例如降低温度、加大通风、增加日照等。所以了解各种多肉植物的生长习性是很有必要的。

除了普通的多肉植物混植搭配外，也可以加入一些其他元素，比如选择比较独特的花盆与花器；将多肉拼成奇特的形状；将一些不常用的鞋子、收纳盒、铁艺框子、奶粉罐等进行旧物改造；加入一些小型的动物或者人物摆件，或鹅卵石等颜色漂亮的石块，园艺效果会更加强烈。

薄雪万年草

多肉植物的组合搭配过程非常有趣，千变万化的搭配方式，可以完全按照自己喜欢的风格去栽培。而且对花器的要求也不高，好像什么都可以用来栽培多肉植物，鞋子、帽子、轮胎、杯子、碗、汤勺、灯壳……多肉植物的花器无处不在，大家还能在这个奇妙的过程中提高自己的创作思维，立即行动起来吧！